JN138306

マツダ最強論

マツダ株式会社 元ブランド戦略マネジャー
迫 勝則

溪水社

はじめに

いまから二四年前、私が書いたメモが見つかった。

確か、マツダ（株）で初代ブランド戦略マネジャーに就任したとき、自らに言い聞かせるつもりで書いた文章である。

「マツダは21世紀にも中規模ながら優良な自動車メーカーとして存続し、日本及び世界中の人たちの生活に役立ちたい。そのためマツダは、76年に及ぶ歴史と伝統を礎とし、全社員の総力を結集し、真に魅力ある商品とサービスを提供しつづけたいと願う」

これが、マツダのブランド戦略の核になる考え方（原点）である。さらに次の文章へと続く。

「このマツダの願いを実現するため、マツダグループのすべての人たちは〝マツダ〟という呼び名に揺るがざる自信と誇りをもち、その実体とイメージをより優れたものにしていくために、あらゆる努力を惜しまないこと」

これがブランド戦略の精神（行動規範）になる。そして、最後にこう締めくくっている。

「いかなる時代、環境にあってもマツダのビジネス基盤は〝マツダ〟というブランドにある。ブランドとは、製造者の意思（提案）が、顧客の価値として認識され、時間をかけて蓄積したものである。

ブランド＝（記号＋価値）×時間」

この文章を書いてから、二四年という歳月が流れる。

気が付いてみると、すっかり世代が替わったマツダの行動は、いまでも、このメモの主旨から外れていないように思う。

マツダは日本の自動車会社のなかで唯一、真正ブランド戦略を経営の柱に据えた会社である。

二〇一九年に国内で導入されたマツダ2、マツダ3、マツダ6というネーミングは、その証の一つである。

そして、あのロータリーエンジンやスカイアクティブ、さらにはトヨタとの資本提携はどこに向かって、どう進むのだろうか。

この本は、雪だるまのように厳しさを増していく自動車業界のなかで、マツダの立ち位置（現在）や行く末（将来）について考える、元社員の心のモノローグである。

マツダ最強論　目次

第2章 世界の自動車会社が合従連衡する …… 59

第3章　フォードから学んだマツダ、ルノーから学べなかった日産 …… 85

第4章　自動運転技術の限界点 …… 115

第5章 いまなぜ電気自動車なのか――次世代カーの構図――

第6章 スカイアクティブとマツダイズム

第8章　愚直さと独創力——マツダの美学——……227

マツダ最強論

プロローグ

家内が、いつもの薄めのコーヒーを入れてくれる。

趣味で買ったいくつかの安物のコーヒーカップを使っているが、なかでも、もう何年も前から使っている、ちょっと小ぶりな、白地に金淵の入ったスタンダードタイプのものが気に入っている。

あるとき骨とう品を見るように、そのお気に入りのコーヒーカップの裏側をひっくり返して見た。

そこには、思いもよらない「50 TOYO KOGYO」という金文字が印刷してあった。

「TOYO KOGYO」(東洋工業)というのは、現在のマツダ株式会社が一九二七年から八四年まで名乗っていた会社名である。

私が、その会社に入社したのは一九六九年のことだった。

アメリカの宇宙船アポロ11号が人類初の月面着陸に成功し、日本では「モーレツ」とか「教育ママ」という言葉が流行っていた。

その入社二年目。マツダオート茨城（当時の名称）に出向し、販売活動をしていたときのことだった。宿舎に、一人では抱えきれないような大きな荷物が届いた。

送り主は、東洋工業（広島本社）。送られてきた大きな箱には「50周年記念品」というラベルが貼られていた。その正体が「Noritake 食器セット」であることは、本社からの通達で薄々知っていた。

しかし、それは当時、独身の身にはあまりに無用の長物だった。すぐに両親の住む実家（広島）へ転送したのを、いまでも覚えている。以降二六年間、その大きな箱は開封もされないいま、実家の倉庫に眠り続けていた。

その「食器セット」は、母の没後、偶然に家内が見つけた。そして、はじめてその中身に対面し、目を見張った。

「なんとシンプルで美しい食器なのだろうか」

あれ以来、そのコーヒーカップセット（5客）、大皿、小皿、スープ皿など（各5客）は、一躍わが家の食卓の主役に躍り出た。

そのときから二四年の歳月が流れる。

偶然のことだが、私がその食器セットに再会したのは、〈はじめに〉で紹介したメモを書いた年だった。

その長い歳月のせいで、もう食器セットのことはすっかり忘れていた。

先日、コーヒーカップの裏側をひっくり返して見たのは、「まさか、あのときの…」という思いがあったからである。

その「まさか」は当たった。


二〇二〇年一月三〇日。

そのマツダが、創立一〇〇周年を迎える。

私は、その五〇周年記念日を出向先の水戸で迎え、そして一〇〇周年記念日を、マツダを退社してから一八年後に広島（自宅）で知ることになった。

言うまでもないことだが、創業から50年の社史は、あまねく日本企業と同じように、戦後の復興期を含む、波乱万丈の時空のなかから生まれた。

そして、その後の五〇年の変化に富んだ社史もまた、日本の自動車会社のなかでは特筆に値する。

特に、一九七〇年代前半のオイルショックに端を発した経営危機、一九九〇年代後半の国内5チャネル体制の機能不良による経営危機は深刻だった。

マツダはいつしか、社会の荒波をまともに受ける危ういイメージをもつ会社として認識されるようになった。

そのことを分かりやすく書けば、「正義感のある会社だが、そのマネジメントが稚拙」という評判だった。私が入社した頃には、「技術は一流。営業は二流」というイメージが定着していた。

ただそれだからこそ、数えきれないほどの荒波を五〇年、いや一〇〇年にわたって乗り越えてきたことをシンプルに〝すごい〟と思う。

ちなみに、あの「Noritake 食器セット」は、当時の納入価格で推定してみると、限りなく1万円に近かったのではないかと思われる。つまり当時の庶民には、なかなか手が出せない高級品だったのである。

そうなると、下世話な社員（庶民）には、すぐにある計算が頭に浮かんでくる。

当時のマツダ従業員は約2万人。会社は、たかが創立記念品のために2億円近くの金額を投入したことになる。そんなお金があるのなら…。経済感覚の優れた社員なら、すぐにそう思う。

しかし、信じられないような苦難の道を、足を踏ん張って歩んできた会社にとって、あの頃の五〇年は「たかが…」というレベルではなかったのではないか。

それは苦節五〇年…、「よくぞ、ここまで生き延びてきた」という実感である。

それがいま一〇〇年ということになった。そう考えてみると、まるで生き証人みたいなコーヒーカップを粗末には扱えない。

実のところ、会社イメージと不相応に見えたコーヒーカップは「何事にも手を抜かないマツダの生きざま」を象徴していたのである。

マツダは、その後半の五〇年間、怒涛のように押し寄せてきた荒波のなかを、どこからともなく吹いてきた神風を受けながら、どうにかくぐり抜け、いま一〇〇年に一度と言われる自動車革命の真っただ中に立っている。


では、いったいなぜいま頃になって、自動車業界が一〇〇年に一度と言われる変革期を迎えているのだろうか。

日々、当たり前のようにして自動車を運転している人たちからすると、にわかには信じられないような話である。

これを簡単に説明しておこう。

実は、自動車という商品は、いまから一三〇年以上前にドイツで商品化されて以来、主に石油を精製したガソリン類を燃やすことによって、その動力を得てきた。

その燃やし方をめぐっては、さまざま方式・機器が開発され、数えきれないくらいの頻度で改良が付け加えられてきた。

しかし、気化したガソリン類を燃やし、それをパワー源にして車体を動かすという基本コンセプトは全く変わっていない。

つまり日々進化を続けるスマホなどの通信機器に比べると、恐ろしく進化が鈍く、保守的なのである。

いま私が持っているケイタイ（ガラケー）の言い回しを借りるならば、もう「ガラ・ガラケー」を通り越し、博物館入りに相当するような商品なのである。

なぜそういうことになってしまったのか。

それは自動車という商品が、世界中に張り巡らされた道路網やガソリンスタンドなど、社会インフラの骨格として固まったからである。

いったん社会インフラの骨格として固まってしまうと、容易にその姿かたちを変えることはできない。

つまり天地がひっくり返るようなことが起こらない限り、「公道をガソリン類を燃やして車体が走る」という基本構造が変えられないのである。

ところがその一方で、世界中で排出される自動車の排気ガスが、地球温暖化の一因になっていると言われはじめてから久しい。

もはやこの説は、某大国の大統領などを除いて、現代社会に生きる人なら疑う人は少ないのではないか。

そういう危機感から、いま世界中の自動車会社が、それぞれ社運をかけて次世代カーの開発に取り組んでいる。その動きにいっそう拍車をかけているのが、各国政府主導による自動車EVシフトの動きである。

この流れは、すでに自動車業界が対処すべき問題を通り越し、各国政府の規制・対策の対象に発展している。

さらに世の中は、自動ブレーキ、駐車アシスト、クルーズコントロールなどの自動運転技術の実用化が急務になっている。

日本の自動車各社はもちろんのこと、政府もこのことを十分に認識し、2、3歩遅れの対策に乗り出している。

このため経済産業省は、二〇一七年から自動車を担当する課長級を2人体制にした。通常なら、主要産業を担当する課長級は1人なので、異例の自動車シフトを敷いているということになる。

なぜそういうことになっているのか。それは簡単に言えば、自動車が日本の製品輸出額の約

22%を占める最大品目だからである。

つまり日本という国は、自動車産業がこけると、経済基盤全体が崩れてしまうという仕組みになっているのだ。

自動車関連産業で働く人は約五三〇万人。質的にも量的にも、日本経済の屋台骨を支えていると言っても過言ではない。

日本は、世界のEVシフトや自動運転技術にどう対応していくのだろうか。この点は、これから二〇年間くらい、日本政府と自動車産業の主要課題であり続ける。

マツダは、その大切なプレーヤーの一人(一社)である。

この状況下で、メディアなどでマツダ首脳陣の言葉をよく耳にする。

はっきり言わせてもらうならば、あの頃を体験した者からすると、少しだけ危うさを感じている。

なぜ、そういう危うさを感じるのだろうか。この点について、三二年間もマツダで働いてきた経験を基にして、募る思いを綴ってみたい。

さらに、そこから思いを巡らせてみると、そのかすかな危うさこそが、クルマを愛する人々の心のどこかで〝美学〟を感じさせる所以になっているのではないか。

本書では、この点についても考察してみたい。

そういう意味で、この本は、私が二〇〇一年に著した『さらば、愛しきマツダ』（文藝春秋）の続編ということになる。

もちろんこれから書く話は、一自動車会社だけの話に留まらない。競合する他社、それに商品を使用する人たちにも連綿と繋がっている話である。

さらにここに来て、我々と共に歩んできた日産が、思いもよらない方向に進んでいる。なぜそういうことになったのか。この点についても、同じ時期に、同じ境遇に陥ったマツダとの対比で考えてみたい。

まず読者には、日本の自動車産業と、そのなかを逞しく歩んできたマツダの過去、現在について知ってもらいたい。

その上で、ここから先の自動車産業の行く末について真剣に考えてみてほしい。

それによって、読者自身のクルマの選び方（視点）も、少し変わってくるのではないかと思う。

そして、なぜ『マツダ最強論』なのか。

この本が、自動車を愛するすべての人たちに、豊かなクルマ社会の在り方について考えるきっかけになれば幸いである。

序 章

自動車は
どこに向かうのか？

八年前のこと。大学で、私の講義「マーケティング論」に出席していた学生とゼミ生たち（計78名）に次のようなアンケート調査を実施したことがある。

「戦後（一九四五年〜）の日本社会で、人々の生活スタイルを大きく変えた〝最大のヒット商品〟は何だったと思いますか？」

学生たちに〝商品と人間生活〟について、深く考えてみてほしかったからである。ちなみに結果（上位5位）は、次のような商品だった。

1位＝テレビ　21名
2位＝ケイタイ（スマホ）16名
3位＝パソコン　13名
4位＝洗濯機　9名
5位＝冷蔵庫　8名　（その他　11名）

これらの数値（人数）は、時代性を表しているように思う。

上位1〜3位が情報・通信に関する商品だったからである。ちょうどその頃は、ケイタイからスマホへ移行する時期だった。

これらの商品は、全体として、ほぼ予想の範囲内だった。しかし少し意外だったのが、4位と5位である。学生は、意外に家事に関心があるのだなと思った。

ただこの際、アンケート対象者に中国人留学生が含まれていたこと、日本人でも下宿で自炊していた学生が多かったことなどが影響していたのではないかと思われる。

そのときの設問の期間は、「戦後の…」ということだった。この際、これを「これまでの一〇〇年」とか「二〇世紀」ということにしてみると、内容はかなり違っていたのではないかと思われる。

おそらく自動車という商品が、かなり上位に登場してきたのではないか。

考えてみると、私たちの暮らしは、好んでも好まなくても、絶え間なく市場に出てくる商品によって定められている。

もし世の中に自動車という商品がなかったら、私たちは郊外の大型スーパーに買い物に出かけることができない。ドライブ旅行にも行けない。もちろん、ネットで注文した商品もタイムリーには届かない。

つまり自動車がなければ、私たちの暮らしは全く別のものになっていたのである。

私たちは、市場にあふれる商品（衣料）を着て、そこで売っている商品（食料）を食べて、住宅会社が建てた住居で暮らしている。

現代社会を生きるためには、この方法しか道はない。

自動車が創った生活スタイル

思うに、自動車の商品特性（価値）には、他の商品を圧倒するものがあった。
「人や荷物を別の地点にすばやく移動させる」という機能的価値は、社会システムを根底からくつがえしていった。

さらに他の交通機関と違うところは、いつでもどこでも、個人が自由に行動を開始できることである。

言ってみれば、個人の意思で動けるパーソナル性（自主性）こそが、この商品を一気に世界に広めたと言ってよい。

この特性のために、自動車には本来の機能的価値に加え、どこのどの商品を使っているのかという所有的価値が付加されるようになった。

例えば、お医者さんは信用力や権威を誇示するためにベンツに乗り、芸術家はカッコ良さを演出するためにポルシェに乗るといったような関係である。

そもそも人間が動かす車（Vehicle）の原型というのは、人類（ホモ・サピエンス）が歴史を刻みはじめてから、比較的、早い段階で生まれたのではないかという痕跡が多く残っている。

人類学の通説では、人間が他の動物と違う道を歩みはじめたのは、「道具を使う」ことからだったと言われている。

動く車（Vehicle）は、「人間が道具を使う」ことで言えば、比較的、初歩的な機器だったのである。

私は、たまたまマツダ時代に、このこととマツダの関連性を研究するメンバーの一人に選ばれ、「THE GLOBE」（一九九〇年マツダ刊行）という小冊子の編集に携わったことがある。

その小冊子（日本語版、英語版）は、マツダブランドの源泉を働く人たちで共有するために内外の社員に配られた。

考えてみると、当時、マツダが自動車の原点を見つめ直そうとしたことについては、いまでも、ある種の敬畏の念を禁じ得ない。

そのときの浅識で語るならば、人類は、当初、木材の丸太を輪切りにして車輪のようなものを造りはじめた。その痕跡は、いまでも世界各地に残っている。

紀元前三五〇〇年頃には、この形がかなり固定（パターン化）してくる。実際に物（形）として残っているものの一つが、メソポタミア（現イラク）北部のアッシリア地方で発見された木製の車輪である。

これを見ると、すでに現代のスポーツカー（ポルシェなど）のホイールの象徴になっているスポーク形式になっている。

いったい動く車（Vehicle）の原理というのは、どこの誰が発明したのだろうか。これは詮索しても仕方がない。

強いて言えば、紀元前三五〇〇年、あるいはそれ以前の誰か…、おそらく同じ頃の多数の人だったというのが正解だと考えられる。なぜなら人間生活にとって、それほど運搬や移動は大切だったのである。

その証拠に、その後、世界各地で古代の車輪が発掘されている。大体、優れた文明＝立派な車輪という図式になっている。

もちろん最初は、車輪付きの車体を人力で引っ張るというものだった。ところが次第に、その人力の役割を牛や馬が担うようになった。

おおまかに言えば、日本を含む東洋では牛車文化、西洋では馬車文化が育まれていった。

一一世紀。日本の公家たちの牛車に描かれた紋章は、やがて家紋として発達していくことになった。

また一九世紀のヨーロッパでは、馬車に使われる馬具が高級ブランドの象徴として取り扱われるようになった。

例えば、誰でも知っている「エルメス」の商標マークは、デュックと呼ばれるタイプの馬車をモチーフにしたものである。

そう考えてみると、動くもの（乗り物）に対する憧れのようなものは、古今東西、変わっていないのである。

ダイムラーとベンツ

いまの社会通念で語るならば、自動車というのは「自ら動かすクルマ」（Auto Vehicle）である。

つまり主体は、あくまで自動車を操るドライバーの方にあって、まだ「自ら動くクルマ」（Autonomous Vehicle）にはなっていない。

その動かす力の単位は、「馬力」（Horse Power）という言い方で表現される。そのことから自動車の前身が、馬車であったことが分かる。

いまから一三三年前（一八八六年）。「ドイツのダイムラー・ベンツという人が自動車を発明した」と多くの人が認識している。

ところが、この認識には二つの間違いがある。その一つは、ダイムラーとベンツは全く別の人物だということである。

おそらく同じ一八八六年に、ゴットリー・ダイムラーが馬車を改造した四輪自動車を完成させ、カール・ベンツが三輪自動車を世に送り出したために、長い時間経過のせいもあって、多くの人が混同してしまったのではないかと思われる。

いずれも自ら発明・開発した気化器（電気点火装置）を搭載していたため、現在の自動車の原型と言われるようになった。

実は、その二人が、のちに一緒になって興した会社がダイムラー・ベンツだったのである。ちなみに同社には、メルセデス・ベンツという言い方もある。

これは一九〇一年にフランス（ニース）で開催された自動車レースに参戦したレーシングカーが「メルセデス35PS」と名付けられたのが、そのはじまりだった。

メルセデスというのは、当時、このレースに参戦し、ベンツ車の販売を統括していた会社の社長（エミール・イェリネック）の娘の名前である。のちに、この呼び方（愛称）がベンツ車のブランド名として使われるようになった。

その後「ダイムラー・ベンツ」が造る商品ブランドが、「メルセデス・ベンツ」であるというのが一般的になった。

ところが現在は、製造会社の名称からベンツの名前が消え、ダイムラーだけになった。この事情は、第3章で詳しく書くことにする。

次に、もう一つの間違いについてである。それは、自動車の発明者＝ダイムラーとベンツという認識である。

実は、世界ではじめて自動車の実用化（試作）に成功したのは、英国のトレビシックだったというのが正しい。

彼は、一八〇四年に蒸気機関車の実用化に成功した人物として知られている。一方で彼は、その三年前（一八〇一年）に蒸気自動車を走らせている。

ただその頃、燃料（石炭）やボイラー（火室）の設置が、比較的容易だった機関車に比べ、自動車にはそのスペースが極小だった。

その後、蒸気機関車に先を越され、蒸気による自動車の広域的な普及は実現しなかった。しかし、いまでも一八五四年製の蒸気自動車が、「世界最古の自動車」としてトリノ自動車博物館に展示されている。

話を元に戻すと、ダイムラーとベンツは、世界ではじめて、現在に至るガソリン動力系の自動車を商品化し、世に広めた人たちである。

自動車大好き人間としては、ここから詳論に入りたいところである。しかし、ここで書きたいのは、自動車の発展物語ではなく、その後の動力源とその発展プロセス（経緯）についてである。

平たく言えば、なぜ今日の自動車が、ガソリンを燃やして走るようになったのかということである。

炭素社会のはじまり

そのことの理解のために、自動車という商品が誕生し、普及しはじめた頃の社会の状況についてザッとおさらいしておこう。

実は、現代に生きる人々の生活スタイルの礎になっているもののほとんどは、一八世紀にイギリスで興った産業革命に端を発している。

そこで中・高校生時代に、誰もが勉強させられた社会科の教科書の内容を思い起こしてみよう。

まず一七六九年にジェームス・ワットが蒸気機関を発明し、新しい工場の原動力になっていった。

具体的に書けば、石炭（コークス）をベースにして、鉄の生産が飛躍的に向上し、それによって、新しい生産機械が次々と導入され、近代資本主義が急速に発展することになった。世の中は、これまでの手工業による生産から機械による生産に変わり、効率が著しく向上。人々の生活は、物量的にも、物質的にも豊かになった。

ちなみにワット（Watt）の名前は、今日でも電力の単位として使われている。

こうして大規模な生産が開始されると、どうしても原料や商品を運ぶために、革命的な考え方が必要になってくる。

道路、運河、橋の建設。なかでも鉄の線路を敷いて、その上を車体が走る鉄道は、産業革命のひとつの象徴になった。

一八二五年。イギリスで最初の公共鉄道が開通。鉄道系と海運系は、やがてイギリス経済を支える大動脈になっていく。

四方を海に囲まれた小さな島国であるイギリスが、なぜ世界をリードするような国になったのか、いまでも疑問に思う人が多い。

しかし、産業革命のことを想うと、誰でも納得するのではないか。

経済（産業）を制するものが世界を制する。それは、人間社会の避けられないメカニズムである。

もちろん、そのときの産業革命は、比較的、短期間で世界中に広まった。

こうなると、どうしても道路を行き来する馬車のパワーを、人工エネルギーに変えられないかというニーズが出てくる。

人々は大量輸送の他に、個別輸送のさらなる進化を求めた。つまり、よりきめの細かいヒト・モノの輸送を求めたのである。

このニーズに応えた一人が、ドイツのガス発動機会社でエンジニアとして働いていたゴットリー・ダイムラーだった。

彼は、そういう輸送（移動）ニーズの多様化に応えようとして、さまざまなアイデアを試行した。そのため彼が造った第一号車には、原動機の他に、馬でもけん引できる装置が取り付けられている。

彼が造った「ダイムラー・モーター・キャリージ」という四輪自動車は、その頃、すでにハブリッド車（エンジン＋馬）だったのである。

繰り返すが、一九世紀の交通革命の主役は、なんといっても鉄道と船舶だった。

一八三〇年には、イギリスに次いでアメリカでも鉄道が開通し、次々と世界の国々に鉄道網が敷かれていった。

そして、大陸と大陸の間を大型汽船が行き来した。モウモウと煙を出して運航するこれら輸送機関の姿は、まるで産業革命の象徴のようだった。

こうして徐々に、一世紀以上に及ぶ炭素社会が実現したのである。

もちろんあの頃、誇らしく煙を出した工場や輸送機器が、やがて20世紀後半に入ってから、悪役（必要悪）に転じることなど誰も予想していなかった。

日本では、ようやく一八七二年に新橋―横浜間で鉄道が開通。その17年後に東海道本線の運転が開始された。

折しも東海道本線が開通した一八八九年は、一四歳になった松田重次郎（後述）が、大阪に奉公に出る年だった。

もちろんその頃は、まだ日本のどこにも、今日のような自動車の姿はなかった。

ガソリン自動車への道

ここで、なぜ産業革命の話を持ち出してきたのかというと、それは、まず自動車という商品が、そういう時代背景（炭素社会）のなかから生まれてきたということを知ってほしかったからである。

なぜガソリン自動車だったのか。はじめから排気ガスの出ない自動車を造れば良かったのに…。

そういう議論は、もはや不毛である。

当時は、石炭と石油が社会の主役であり、それによる環境問題も微小だった。そして、資源の枯渇問題も顕在化していなかった。

人間社会というのは、人々が生きていく環境（ニーズ）が商品を創り出し、やがてその商品が人間生活を規定していく。

つまり、これまで数えきれないほどの道具を創り出し、それを使うことによって暮らし方を定めてきたのだ。

こういう時代背景のなかで、人々は長い時間をかけて、自動車という商品の進むべき道を作り出してきた。

要約すると、その後、自動車という商品は大きく分けて、次のような方向で商品化を目指すことになった。

（1）木炭、石炭などを燃やし、水蒸気の力で車体を動かす。
（2）ガソリンやバイオ燃料などを噴射・燃焼させ、そこから動力を得て車体を動かす。
（3）蓄電された電気でモーターを回して車体を動かす。
（4）その他（ソーラーカーなど）

これら（1）～（3）の自動車は、いずれも欧州の博物館などで、その頃の現物を観ることができる。

どれも当時、本気で商品化が目指されていたことが分かる。

自動車の3大機能

当時、前述（1）～（3）による自動車混合レースが頻繁に開催されていた。しかし、そのほとんどのレースでガソリン車が圧勝している。

ガソリン車が持つパワーは、他のシステムの自動車に比べて、圧倒的だったのである。なにより移動スピードが速かった。そのことによって、目的地に早く到達することができる。

つまり、①力強さ（パワフル）②速さ（タイムリー）③個別性（パーソナル）が、当時、自動車に求められる3大機能だったのである。

自動車という商品が、数ある進むべき道のなかで、現在まで続くガソリン車の道を選んだことについては、おおよそ理解してもらえたのではないか。

繰り返すが、もしあの時代に排ガスや環境問題が叫ばれていたとしたら、人々は電気自動車への道を選んでいたに違いない。しかし、時代ニーズはそうではなかった。

ただ思うに、その頃からの一〇〇年間。なぜ自動車という商品の進化は、ピタリと止まってしまったのだろうか。

一方で、かつて蒸気で走っていた機関車（鉄道）は、早々と電気に代わった。

もちろんいまでも日本各地で、いや世界各地で動く蒸気機関車を体験することができる。しかしそのほとんどは、昔をなつかしむ観光SL号に変身している。

蒸気機関車は大半が電気で動く電車に代わり、現在では、さらにその先のリニアモーターカーなどの試運転が進んでいる。

また欧州の大型客船（フィヨルド観光船など）では、もう音も煙も出ない電動の船が静かに海上を航行している。

進化が遅れてしまった自動車は、これからどういう方向に進むのだろうか。

そのことに言及するにあたり、このことだけは正直に書いておきたい。

私はどちらかと言うと〝メカ音痴〟の人種に近い。鉄の塊やプラスチック、ゴムなどを加工して車体を造り、内燃エンジンでこれを動かすというようなこと自体、まるで手品を見るような驚きを感じる者である。

さらに、これが地面を離れた航空機や宇宙ロケットということになると、もう神ワザみたいなものである。

その点で言うと、私が三二年間も勤めたマツダは、ものづくりに向かう姿勢では、本当に優秀な会社だった。ただその一時期に、早急な進化を求めすぎたような気もしている。

その一方で、ひたすら自らが正しいと思う道を歩んできた勇気ある行動に、少なからぬ共感を覚えたこともあった。

この本から、一〇〇年間にわたって、その根底に流れ続けたマツダイズムみたいなものを感じ取ってもらいたいと思う。

第1章

松田家3代が築いた土台

——ロータリーエンジンの光と影——

あのドイツのカール・ベンツが、この世に生を受けてから三一年後（一八七五年）のことだった。

広島市郊外（旧・安芸郡仁保村）に、のちに無類の機械好きとして知られるようになる松田重次郎が誕生した。

重次郎は、その幼少期、鍛冶屋の鉄床で鉄が打たれる音に、異常なほど関心を寄せた。そして一四歳のときに、鍛冶屋に奉公することを決意し、大阪に出る。

一九〇六年。三二歳になった重次郎は、大阪で鉄工所を開設し、自ら発明した「松田式ポンプ」の製造・販売に乗り出した。

当時、日本各地に配備された消防ポンプ車の多くには、この「松田式ポンプ」が採用されている。

その後、病床にあった母のために広島の地に戻った重次郎は、一九二〇年、現在のマツダの前身となる東洋コルク工業の設立に取締役として加わった。そして、その翌年に同社の代表取締役に就任した。

以降、この会社の舵取りは、一九七〇年まで三代にわたり松田家が担うことになった。

一九二七年。早くからコルク産業の限界を察知していた重次郎は、社名を「東洋工業」に変更し、長年の夢だった機械工業の分野に大きく舵を切ることになる。

当時、重次郎は、芸備銀行（現・広島銀行）から3万5千円を借りて、西洋の優秀な工作機を次々と買い付けた。

そして、あまり知られていない話だが、一九三〇年に国産初のオートバイ用エンジンを搭載した試作車を完成させた。

同年。広島市西練兵場で行われたオートバイレースに参戦。そのときは英国製のアリエル車などを抑え、堂々と優勝している。このニュースは、当時の新聞記事で確認できる。

つまり東洋工業は、ホンダ、スズキ、ヤマハ、カワサキといった名だたる国内二輪車メーカーに先駆けて、純国産エンジンを搭載したオートバイの開発に成功した会社だったのである。

その後、重次郎は、増大する貨物輸送の需要に対応するため、最優先事業として三輪トラックの生産に乗り出すことになった。

一九三一年。最初の三輪トラックに命名された「Mazda号」こそ、今日のマツダブランドの源泉になった。

ただ、いまでも小さな誤解がある。マツダブランドが、松田重次郎の名前に因んだものだと理解している人が多いが、松田なら「MATSUDA」となるはずである。ところがマツダは

「MAZDA」である。

この名前は、世界最古の宗教とされるゾロアスター教の主神である「Ahura-Mazda（アフラ・マズダー）」に由来するもので、自動車メーカーとしての第一歩（心意気）を示すものだった。

ちなみに「アフラ・マズダー」は、当時も今も、多くの人に〝光の神〟、〝叡智の神〟として崇められている。

当初は、東芝（一九〇四年創業）が、一九一一年から製造をはじめたランプ（電球）を〝マツダランプ〟と名付けたために、よくこう言われた。

「東洋工業は、ランプも造っているんですね」

バタンコからのスタート

東洋工業が造る三輪車は、〝バタンコ〟と呼ばれた。そして、日本（特に中国地方）のいたるところで地域産業を支えた。

ステアリングは、丸ハンドルではなく、両手をいっぱいに広げるバーハンドル。体全体を使って輸送機器を操る、という感覚だった。

私はいまでも、この機器を操るという感覚が、マツダブランドのエッセンス（本質）ではないかと思っている。

マツダ車は、他の自動車会社が造るクルマとはどこか違う。もしそういう感覚を持っている人がいるとしたら、それはおそらくこの感覚から来るものだと思う。

一九八五年に通産省から東洋工業に顧問として着任し、その2年後（一九八七年）に社長になった古田徳昌は、当時、こう語っていた。

「マツダ車に乗ると、どんぶりに乗っているような感じがする」

このフィーリングこそ、機器を人間生活に取り込んで、それを役立てようとする原点の感覚に近い。どこかに使う喜びがあり、そのための安心感がある。

話は逸れるが、マツダはいまでも企業スローガンに「Zoom-Zoom」（ズーム・ズーム）という言葉を使っている。

これは、子どもがおもちゃの自動車で遊ぶときに発する「ブーン、ブーン」という擬音の英語表記である。

機器を使って生活を楽しむという意味で言えば、その思想は、今日まで続いているということになる。

一九三一年に発売されたＤＡ型の三輪トラックは、やがて三五年にＴＣＳ型に進化し、エンジンとトランスミッションが一体化した構造になった。

そして次第に丸ハンドルが主流になり、貨物輸送はもちろんのこと、山林の樹木の切り出しや、果ては人員の集団移送などにも使われた。

断わっておくが、当時は運転免許証だとか、交通ルールだとか、安全面への配慮はきわめて薄かった。人々は、生きていくのが精一杯の時代だったからである。

ここで興味深いのは、マツダ車のフィーリングがもしそうであるとしたら、他社のクルマはそうではないのか、ということである。

結論から書くと、近年、そのフィーリングが各社で均一化されつつあるものの、やはり、それぞれブランドの源泉になると思われるフィーリングが、かすかに…、いや、しっかりと残っている。

例えば、ともに自動車メーカーとして、一九三三年に設立された日産と、一九三七年に設立されたトヨタのクルマは、どんなに進化を遂げたとしても、根底のところに「四つの車輪のうえに上品な箱を乗せて、快適に人を運ぶ」というフィーリングが消えない。

また一九四八年に二輪車メーカーとして創業したホンダは、一九六〇年代から本格的に四輪乗用車に進出し、「ホンダ１３００」「シビック」「アコード」などを次々と発売した。

しかし当初は、どうしても走りがハードと言うか、二輪車のフィーリングが消えなかった。もちろん、それが大好きだというファンも大勢いた。その名残もあって、いまでもホンダ車のフィーリングは、トヨタ、日産とはどこか違う。

この論調で言えば、スバル車は航空機を製造していた富士重工、三菱車は重工部門が主力だった三菱重工の堅牢なイメージをどこかに引き継いでいる。

これらを総じて書くならば、「機械屋が造るクルマ」と「自動車屋が造るクルマ」は、フィーリングが異なるということである。

なぜそうなるのかというと、社員はどんどん変わっていくのに、その考え方、やり方みたいなものは代々伝承され、だんだんと社内に蓄積されていくからである。

人間という頑固な生き物が、こうして会社の風土を創っていく。


この際、ついでに書いておく。

日本でマツダよりも長い歴史を刻んでいる自動車会社は、ダイハツ工業といすゞ自動車の２社である。ダイハツ工業は二〇〇七年に、いすゞ自動車は二〇一六年に、それぞれ創立一〇〇周年を迎えた。

現在の日本のトップ3（トヨタ、日産、ホンダ）は、自動車会社としては、いずれも後発メーカーだったのである。

つまり東洋工業がはじめて三輪トラックを世に出したときには、まだトップ3の姿も形もなかった。

トヨタ、日産、ホンダは、その分、新しさのようなものを感じさせてくれる。その一方で、伝統ある会社は、良くも悪くも、時間経過とともに蓄積されたものが多くなっていく。

それは会社の運営次第で、長所にもなり、短所にもなる。

運命の8月6日

これから書くのは、重次郎の誕生日にまつわる話である。

この話は、広島出身の作家・梶山季之の著書『松田重次郎』（時事通信社）のなかに克明に描かれている。

実は、八月六日は重次郎の誕生日だった。八月六日と言えば、広島の人なら誰でも知っている〝あの日〟である。

重次郎は、恒例として、自分の誕生日には護国神社（広島市中区）にお参りをして、会社

（市郊外）に出ていた。

もちろん一九四五年八月六日も、その例外ではなかった。

ただ唯一、その年に違っていたのは、その日の朝、大手町（中区）にある理髪店に立ち寄ってから、護国神社にお参りに行くということだった。

この一連の物語の根拠になっているのは、水野さんという当時の運転手の証言である。

その日は、午前7時30分に牛田（東区）の自宅を出る予定だった。しかし迎えの水野さんが早く到着したため、7時20分頃に自宅を出た。

そして理髪店に到着したとき、運転手の水野さんは、ほぼ同時に理髪店に入る一人の男性の姿を目撃している。しかし、重次郎の方が一歩先に理髪店に入ったため、自ずと理髪する順番が決まった。

この一歩の差が、運命の分かれ道になった。

重次郎は、その後、護国神社の参拝を済ませ、8時15分に会社に向かう途中の西蟹屋町（南区）の踏み切り付近で被爆した。

二人の乗った乗用車は吹き飛ばされたが、幸いにして、共に命に別状はなかった。しかし、あとから理髪店に入ったもう一人の男性は、その辺りが爆心地に近かったため、即死だったのではないかと推測された。

被爆後、広島市中心部の機能は完全に麻痺した。重次郎は、比較的、被害の少なかった本社の建物を市民に開放、提供した。

これもあまり知られていない話だが、被爆直後から翌年七月まで、広島県庁や広島地方裁判所は、東洋工業の社内に置かれていた。そして現在のマツダ病院（当時・東洋病院）は、一大救護センターとしての役割を果たした。

一九四六年一二月。東洋工業は三輪車の生産を再開し、執念の復活を果たすことになった。

もしあの一歩が違っていたら、おそらく今日のマツダの姿は、別のものになっていたであろう。

原爆というのは、個々の人生を変えたばかりでなく、それに関わる人々のめぐり合わせによって、地域や社会の構造まで変えた。

図表①をご覧いただきたい。

私は、マツダの一〇〇年に及ぶ長い歴史を5つ時期に分割して捉えている。

具体的には、「草創期」「中興期」「変動期」「フォード支配期」「独立再生期」ということになる。

つまり、松田重次郎が社長を務めた時代は、波乱万丈の「草創期」だった。

図表①<マツダ歴代社長>

社長名	在任期間	
松田重次郎	1921 ～ 1951	草創期
松田恒次	1951 ～ 1970	中興期
松田耕平	1970 ～ 1977	変動期
山崎芳樹	1977 ～ 1984	↓
山本健一	1984 ～ 1987	↓
古田徳昌	1987 ～ 1991	↓
和田淑弘	1991 ～ 1996	↓
ヘンリー・ウォレス	1996 ～ 1997	フォード支配期
ジェームズ・ミラー	1997 ～ 1999	↓
マーク・フィールズ	1999 ～ 2002	↓
ルイス・ブース	2002 ～ 2003	↓
井巻久一	2003 ～ 2008	↓
山内孝	2008 ～ 2013	独立再生期
小飼雅道	2013 ～ 2018	↓
丸本明	2018 ～	↓

そして、この時代。広島の地で人類の歴史に深く刻み込まれる大惨事が起きた。それが、米軍による広島への原爆投下だったのである。

ただ世の中にどんなことが起きようとも、時間は流れていく。マツダは、そんななかを逞しく生き延びてきた。

そしてそのあとにやってきた、それぞれの時代。マツダは、どのようにして生き延びたのだろうか。

中興の祖

「大阪に松下幸之助。そして、広島に松田恒次あり」

重次郎の大阪時代に、その長男として生まれた恒次は、一九五一年に重次郎の跡を継いで社長に就任した。

恒次は、今日のマツダの原型を作った人物として知られている。そのため私は、彼が社長を務めた一九年間を「マツダの中興期」と呼ぶことにしている。

彼は、私が入社したときの社長だった。その頃は、式典のときに遠方から顔を眺めるだけで、とても直接、会話を交わせるような状況にはなかった。

つまり、まだろくに仕事をしていない若い社員にとっては、はるか雲の上の存在だったのである。

彼が社長に就任した頃は、戦後復興の真っただ中。三輪トラックの需要は、ますます旺盛になっていた。

もし、その頃の情景を思い浮かべるとしたら、大ヒットした映画「ALWAYS 三丁目の夕日」のシーンがそのイメージに近い。

戦前からあったマツダ、ダイハツ、くろがねの3社に加え、三井精機の「オリエント」、三菱重工の「みずしま」、愛知起業の「ディアント」、昭和興業の「アツキ」などが次々と参入してきた。

ところが、この状況下で、恒次は重大な決断を下すことになる。

「これからの需要の本命は、乗用四輪車になる」

当時の資料を紐解いてみても、このことに関するマーケティング資料などは何も残っていない。もちろんマーケット調査が行われたような形跡もない。

つまり彼は、自らの先見性（感覚）のみで、乗用四輪車への進出を決断したのである。彼の壮大な構想は、のちにピラミッド構想と呼ばれるようになった。

彼は、軽自動車から中型車まで、あらゆるユーザーのニーズに応えようとした。これを平たく言えば、総合自動車メーカーを目指すということだった。東洋工業はこの構想に基づいて、次々と新しい乗用四輪車を世に送り出していった。

ただこの頃、すでに高級乗用車を製造・販売していたトヨタや日産とは異なり、東洋工業は、小さなクルマから製造を開始することになった。

これは恒次が、高所得者＝高級乗用車というイメージではなく、生活者（低所得者）＝小さな乗用車というイメージを持っていたからである。

人々（庶民）の生活に役立つこと。これは、恒次の固い信念のようなものだった。

現に一九六〇年に発売された「R360クーペ」は、「スバル360」とともに国民車と呼ばれるようになった。

私が出向していた販売会社の所長の話によると、当時、店頭で現金を持った人が行列を作ったという。

そして一九六二年、水冷四気筒の「キャロル」が発売された。このクルマもクリフカットと呼ばれる斬新な外観が大受けして大ヒットになった。私自身、生まれてはじめて乗用車を運転したのは、父親が所有していたキャロルだった。

さらに一九六四年に発売された「ファミリア800」は、日本のモータリゼーションの幕開けを告げるクルマになった。

のちに、この市場（大衆車クラス）の巨大さに目を付けた日産がサニー、トヨタがカローラを発売し、日本の乗用車市場は、爆発的な伸びを見せることになった。

さらに東洋工業は、日本の自動車市場でまだ開拓されていなかった分野に、次々と参入していく。

一九六六年に発売されたワンボックスカーの「ボンゴ」は、業界でボンゴスタイルと呼ばれるようになり、他社の先駆けになった。

そして同年の「ルーチェ」、一九六七年の「コスモスポーツ」、一九七〇年の「カペラ」などの発売により、恒次の唱えたピラミッド構想は、次第にファイナルステージへと近づいていった。

私が入社した一九六九年には、社内に「日産(2位)に追い付き、追い越せ」という共有化された雰囲気が漂っていた。

のちに松田恒次は、豊田喜一郎、本田宗一郎に次いで、二〇〇三年に日本で三人目の「自動車殿堂入り」を果たした。

その理由は、「日本のモータリゼーションの発展に多大な功績を残した」というものだった。なかでも特筆に値するのが、これから書く新しい画期的なエンジンの導入だった。それはマツダと言えば、誰でも思い浮かべる、あの〝ロータリーエンジン〟である。

夢のエンジン

私の手元に一本のテープがある。

それは、当時、ロータリーエンジン研究部の部長だった山本健一(のちに社長)の話を録音したものである。

私は、仕事柄、この話を本人の口から何度も耳にした。彼はこの話をするたびに、うっすらと涙を浮かべた。

「私は、何度も恒次さんに〝できません〟と言った。ついには〝なぜできないのか〟を証明しようと考えました。恒次さんに怒鳴られて、このプロジェクトを解散したかったわけです。ところが恒次さんは怒鳴るどころか…（この辺りで涙）。来る日も来る日も、自分のアイデアを紙に書いて持ってくる。自分はいったい何をやっているのだろうか。〝命をかけてでもやる〟。そう思うようになったのは、恒次さんの執念があったからです。よく私が〝ロータリーエンジンの生みの親〟なんて言われますが、私なんか、足元にも及びません」

恒次が、ここまでロータリーエンジンの開発に執念を燃やしたのには、訳があった。

当時、通産省は「日本の自動車会社は、2社又は3社が妥当」との考え方を示し、トヨタ、日産を軸とした2系列、あるいはこれに三菱グループを加えた3系列による業界再編成を模索していた。

米国のビッグ3（GM、フォード、クライスラー）の進出に対し、日本の自動車産業を守るためには、この方法しかないと考えたからである。

ところが、この方針に反旗を翻したのが恒次だった。

「東洋工業はどこのグループにも属さない」

この言葉を有効なものにするためには、他の自動車会社が真似のできない独自商品を開発するしか道がなかったのである。

一九六〇年。これまで一度も海外渡航したことがなかった恒次が、驚くべき行動に出る。

「ワシが行く」

ドイツのＮＳＵ社が、これまで実用化が不可能だと言われていたロータリーエンジンの稼働実験（試作）に成功したと伝えられたからである。

彼は、ドイツ語の辞書を片手にドイツに飛び立った。

米国のカーチスライト、英国のロールスロイス、ドイツのダイムラー、ポルシェ、イタリアのアルファロメオ、日本のヤンマーディーゼルなど、世界の主要16社がＮＳＵ社と技術提携の契約を交わした。

そして東洋工業もまた、恒次が帰国する二日前に、かろうじてその16社のひとつに名を連ねた。そこから、各社が実用化に向けてしのぎを削ることになった。

一九六三年。技術的な検討を済ませ、社内にロータリーエンジン研究部が発足した。選ばれた47人の社員のリーダー（部長）として、その職に就いたのが山本健一だったのである。

ここから先の開発物語は、この本の任ではない。おそらく単行本一冊でも書き尽くせないのではないか。

現に、のちにＮＨＫ番組「プロジェクトＸ」で取り上げられたときも、一回では収まらず、「プロジェクトＸ」史上はじめて二回に分けて放映された。

ともかく東洋工業は、世界のどの自動車会社も成し遂げられなかったロータリーエンジンの実用化に成功したのである。

一九六七年。ロータリーエンジンを搭載した「コスモスポーツ」が、世界中のカーファンをアッと驚かせた。

そのＵＦＯを連想させる外観デザインは、半世紀以上の刻が流れたいまでも、斬新に写る。このデザインを可能にしたのが、容量の小さいロータリーエンジンだった。

その後、東洋工業はロータリーエンジン車を次々と発売していく。オールドファンなら、一世を風靡した「ファミリアロータリークーペ」を覚えているだろう。当時、丸いテールランプがカーファンの憧れの的になった。

この流れは「カペラロータリー」、「ルーチェロータリークーペ」へと続き、「サバンナ」（のちのＲＸ－７）で絶頂期を迎えることになった。

クルマの主流を変えるロータリーのマツダ

その時代（一九六九年）に入社した私は、二年間のセールス研修のあと、希望していた宣伝部に配属された。

その宣伝部の部屋の一隅で、数人（企業広告チーム）が、ある仕事を進めていた。それは、当時の企業スローガンを改定する作業だった。

それまでの企業スローガンというのは、次のようなものだった。

「人と社会に真心をこめて奉仕するマツダ」

このスローガンは、会社案内、株主パンフ、車種カタログ…、あらゆる印刷物に小さく表示されていた。言ってみれば、人々にあまり認識されない飾りのような文章だった。つまり、あってもよいが、なくてもよい。

あるときそのチームが創った最終候補の数案が、宣伝部の全員に提示された。正直に言って、そのとき驚いた。

なぜ驚いたのかというと、各案のすべてに「ロータリー」の文字が入っていたからである。

その後のプロセスはよく覚えていない。ただ驚くような短い検討期間を経て、正式に決まったのは、次のようなスローガンだった。

「クルマの主流を変えるロータリーのマツダ」

なんという挑戦的なスローガンだろうか。

この企業スローガンは、その後の数年間にわたって、あらゆる印刷物で登場することになった。導入当初においては、テレビＣＭにも使われた。

ところで、このスローガンをはじめて耳にしたとき、私は、なぜそんなに驚かなければならなかったのだろうか。

その理由を探ってみると、いまこの本に書き残しておきたい経営の本質のようなところに辿り着く。

話は少々回りくどくなるが、これを簡単に説明してみよう。まず当時は、トヨタと日産のクルマが市場の大半を占めていた。

小型車では、〝ブル・コロ戦争〟と呼ばれた日産ブルーバードとトヨタコロナ。大衆車では、その時代に販売台数で首位を分かち合った日産サニーとトヨタカローラ。

それらのクルマには、従来型のレシプロエンジンが搭載され、比較的、市場は安定していた。

つまり、当時すでに公害（排ガス）問題は提起されていたものの、緊急に次世代エンジンを投入するような社会ニーズはなかったのである。

その状況下で、マツダは急展開を図った。つまり当時、業界3位メーカーが上位2メーカーとは異なるエンジンを導入し、その流れを業界の主流にしようとしたのである。

もちろんその頃、マツダのレシプロエンジンは、決してトヨタ、日産に引けを取るようなものではなかった。そのままやっていても、業界3位の座を守ることはできたはずである。

その本当の理由は何だったのか。実のところ、私には、当時の社内の様子が手に取るように分かっていた。

それを端的に表現するならば、トップの意志を実現しようとする心ある社員たちの〝負けず魂〟だったように思う。

前述のように、東洋工業の「独立独歩の方針」は恒次の悲願だった。しかし当初は、ロータリーエンジン研究部長に任命された山本健一でさえ、この計画は無謀だと反発していた。ところが次第に、周囲の人たちが恒次の本気度を理解し、この計画を推し進めるようになってきたのである。そして、そういう社員たちの動きが目立つようになってきた。

その後、社長は、他界した恒次から、その長男の耕平に代替わりした。

それでも恒次の意志は、その後も貫かれることになる。開発部門から広報本部（宣伝部含む）に身を転じた田窪昌司も、その推進者の一人だった。

企業スローガンを変えて、社員が一致団結して、その方向に進む。私が宣伝部に着任したのは、ちょうどその時期だった。

偉大だった〝中興の祖〟の意思は、心ある社員たちの強い意思によって受け継がれていく。もちろん私は、そういう会社が嫌いではない。

自分たちの手で、業界の流れを変えたい。その心意気は、のちに訪れるさまざまな苦難を乗り越える力にもなった。

これは良い、悪い、の話ではない。あのときは自ら定めた道を歩むために、会社として明確な意思を示す必要があったのだ。

ちなみに書いておこう。その後（一九七五年）、田窪は、日本の自動車業界ではじめて独自のCI（Corporate Identity）計画を導入した。

そのとき制定されたコーポレートシンボル（mazda）とコーポレートカラー（マツダブルー）は、以降、一九九七年に私が担当して改定するまで、二三年間も使い続けられ、一定のマツダイメージを創り上げた。

こうした数々の広報戦略は、うまく回転しはじめたように見えた。

特にロータリーエンジン搭載車は、当初、堅調に売れ続け「ロータリーのマツダ」としてのブランドイメージは、着実に向上しはじめた。

なぜ第一次経営危機がやってきたのか

一九七〇年代半ばから、マツダの歴史はせきを切ったように動きはじめる。

私は、一九七〇年に社長に就任した松田耕平、その後の山崎芳樹、山本健一、古田徳昌、和田淑弘が社長を務めた二六年間を「マツダの変動期」と名付けている。

ではいったいなぜ、マツダは「変動期」と名付けなければならないような状況に陥ったのだろうか。

それはおそらく、世界初のロータリーエンジンを擁し、一途な道を歩みはじめたことと無関係ではなかったように思う。

その経営的評価は、のちに記述するとして、その流れだけをザッとおさらいしておこう。

発端になったのは、一九七四年の第四次中東戦争だった。世界の経済が大きく動いた。そして世界中が混乱した。

日本では、のちに語り草となるトイレットペーパー騒動。巷のガソリンスタンドでは、供給がストップするのではないかという噂が流れ、長蛇の列ができた。

東洋工業は、そのあおりをまともに受けることになった。当時は、ロータリー車が高い評価を受け、米国で飛躍的に販売を伸ばす時期だった。

ところがその米国で、手のひらを反すようにして、猛々しく「ロータリー車はガソリンを喰う」というレッテルが貼られてしまったのである。そして、その論調は、アッと言う間に世界中に広まった。

確かに、車格（クルマの大きさ）に対しては、燃費改善の余地はあった。しかし馬力に対しては、そういうマイナス評価は当たらなかった。つまり他社のスポーツカーに比べても、燃費の差はほとんどなかったのである。

しかし、いまでもその光景が私の頭のなかから離れない。社内（敷地）のいたるところに、出荷できなくなった新車が並べられた。

よく〝在庫の山〟という言い方をする。しかし自動車の場合は〝山〟のように積み上げるわけにはいかない。そのため社内のいたるところに、在庫になった新車が並べられたのである。この恐ろしい光景が、マツダの第一次経営危機を象徴することになった。

一九七五年一〇月期決算で、マツダは１７３億円の赤字を計上。社員の給料は遅配。ボーナスは分割払いになった。

そのとき皮肉だったのは、恒次が、執念を燃やして開発したロータリーエンジンが、耕平の時代になって、経営的に機能しにくくなったということである。

別の言い方で比喩するならば、マツダという名の飛行機が離陸に成功し、順調に上昇気流に乗っていたのに、突然、目の前に乱気流が発生し、飛行機が大きく揺れたといったような感じである。

ただマツダ社員の凄さ、しなやかさは、ここから発揮される。つまり、このくらいのことではへこたれなかったのである。

社内でＡＭ（オールマッツダ）計画が開始され、クルマを造る側のマツダ社員が、順次、全国にクルマの販売に赴いた。このとき私は、山口マツダ徳山営業所に単身で出向した。

ＡＭ計画は、社員たちの数えきれないドラマを刻みながら、３年間も続いた。技術、開発、購買、人事の人たちを含め、出向社員の人数は延べ７千９百人に達した。

蘇ったマツダ

「販売なくして生産なし」

これは松田耕平の跡を継ぎ、社長に就任した山崎芳樹の言葉である。

今日のマーケティングでは当たり前の話だが、当時の東洋工業の状況を考えると、これはかなり画期的な言葉だった。

彼は、生産技術の出身なのに、販売第一主義を唱えた。

ＡＭ計画で全国の現場に出向した社員たちが、次々とその後の新しいクルマ創りに加わった。その結果、東洋工業は、自動車業界では例をみない現場至上主義マーケティングを展開することになった。

まず一九七五年に発売された「コスモ」には、ロータリーエンジンではなく、従来のレシプロエンジンが搭載された。このクルマは、当時の販売チャネル「オート系」の経営を立て直すほどよく売れた。

そして七七年に「コスモＬ」、七八年に「ボンゴワイドロー」「サバンナＲＸ－７」が次々と発売され、東洋工業は、たったの一年で黒字に転換した。

極め付きだったのは、八〇年にＡＭ出向者の総力を結集して創られたと言われる５代目「ファミリア」（ＦＦ）だった。

このクルマが空前のヒットになり、当時、日本市場でトップセールを争っていたカローラ、サニーを抜いて「日本で一番売れるクルマ」になった。

その結果、一九八〇年日本カー・オブ・ザ・イヤーは、「ファミリア」が受賞。当時、業界では「ファミリアを見習え」というのが合言葉になった。

ただその頃、ひそかに進行していた話があった。

東洋工業は、恒次の強い意志で、国内再編の流れを止めることには成功した。しかし、これが海外メーカー（特に米国ビッグ３）との関係ということになると、話は別だった。

現に、私が入社した頃には、米国クライスラーとの提携話が、まことしやかに囁かれていた。もしそういう話があるとすれば、相手はクライスラー…。私はそう思っていた。

一九七九年。突然、山崎社長の肉声で、社内放送が流された。そして、驚くような内容が全社員に説明（報告）された。

その内容は、次のようなものだった。

「米国フォードは、日本フォードの所有する横浜の土地を東洋工業に売却し、その売却代金を資本金に取り入れる形で、約20％の株式を保有する」

この際、とりあえず社員を安堵させてくれたのは、次のようなフォードとの約束事項だった。

「フォードは、当面、少数の役員を派遣するものの、マツダの経営支配は行わない」

いったいどのようなプロセスで、このような形になったのだろうか。この話の経緯については、今日でもつまびらかにされていない。

ただ東洋工業が、第一次経営危機に直面したとき、メインバンクだった住友銀行（現・三井住友銀行）が、先見して動いたのではないかとみるのが、最も妥当なところであろう。つまり将来の不安に対し、メインバンクが保険をかけたということである。

私が「変動期」と呼んでいるのは、ここまでの話のことを指す。以降、マツダは徐々に「フォード支配期」に入っていく。

この時期から、日本だけでなく、世界の自動車会社は、複雑なパズルを解くようにして合従連衡を繰り返していくことになる。

次章では、その大きな流れを捉え、世界の自動車業界の試行錯誤のプロセスについて考えてみたい。

第2章

世界の自動車会社が合従連衡する

人間と社会の歴史は、川の流れに似ている。

無数の源流が小さな川となり、幾多の合流を繰り返しながら、やがて大河となって大海に計り知れない水を注ぎ込む。

それは自然界の摂理（構造）であり、天変地異でもない限り、突然に変形することはない。

この章では、自動車の歴史を巻き戻し、その流れから出来た形のようなものを俯瞰して見ておきたい。


イギリスで生まれた世界初の水蒸気自動車は、半世紀近くも実用化（商品化）が試みられたが、爆発的なヒット商品にはならなかった。

自動車という乗り物には、燃料、ボイラーなどを搭載するスペースが限られており、それによるトルク（回転）不足が致命傷だったからである。

ところがその後、ガソリンを気化し、それに点火して動力を引き出す内燃機関が発明されてから、状況が一変した。

ドイツ、イギリス、フランス、イタリアなどで次々と自動車会社が設立され、その後、スウェーデン、スペインなどでも自動車が生産されるようになった。

ただここで、今後のストーリーを分かりやすくするために、知っておかなければならないことがある。

近代の自動車生産というのは、傘下に多くの部品会社を抱え、ピラミッドのような産業構造が必要になってくる。つまり、国や地域を挙げて取り組まないと、産業として形にならないのである。

この巨大な産業構造ゆえに、ヨーロッパでは一三〇年以上が経過した今日でも、基本的に自動車生産国と非生産国に分かれたままになっている。

自動車生産国というのは前述の国々。非生産国というのは、スイス、オーストリア、デンマーク、ギリシャなどである。

この際、自動車生産というのは、組み立てラインを含む大規模工場という意味であり、部品の製造などは各国で分担されている。

つまりフツーの商品なら、必ず国内のどこかに生産拠点がある。しかし自動車の場合は、結果として、国単位で分業体制が敷かれることになった。

自動車という商品が、地域や国の特色を打ち出す必要性の小さいグローバル商品だったこと。またヨーロッパのように道路が国をまたがって繋がっていることなどが、他の商品と一線を画す所以になった。

さらにこれを地球規模でみても、世界的にその名が知れ渡っている自動車会社の数は限られている。

これから書く世界の自動車会社の合従連衡の歴史は、そういう背景から生まれてきた特異なものだったことをまず知っておこう。

ヨーロッパからアメリカへ

いまでもヨーロッパのクラフトマンシップには、どこか惹かれるものがある。そこにはモノ創り（ブランド）の本質があり、学ぶべき点が多い。

名門と呼ばれるフェラーリやポルシェなどは、ごく最近まで、流れ作業のラインに乗せないで、1台ずつ手造りされていた。

細部に至る〝こだわり〟みたいなものは、自動車という商品の血統・素性を示すものであり、いまなお多くの人々を惹きつける所以になっている。

いま博物館などに残っている希少なベントレーやロールスロイスなどは、この徹底したコンセプト（クラフトマンシップ）の下で造られていた。

そういうヨーロッパの状況を横目で見ながら、世界中に衝撃を与えたのがアメリカの自動車王ヘンリー・フォードだった。

発明王トーマス・エジソンの会社で働いていたヘンリー・フォードは、1913年に自社工場にベルトコンベアを導入し、流れ作業によって自動車の組み立てを開始した。

これが、近代自動車産業の幕開けになった。同時に、大量生産によるモータリゼーションの主な舞台は、ヨーロッパからアメリカに移った。

4気筒40馬力。一九〇九年に発売された幌馬車スタイルのT型フォードは、アメリカ市場を席捲したばかりでなく、世界中で人々の生活スタイルを一変させた。

さらに一九〇八年。もう一人の人物（ウィリアム・デュラン）が、その後の一〇〇年間、フォードのライバルになるGMを創設した。

アメリカでは、これにクライスラー、アメリカンモータースが加わり〝ビッグ4〟と呼ばれるようになった。しかしアメリカンモータースの経営破綻によって、その後〝ビッグ3〟に変わった。

条件反射というのだろうか。その訳は、あとで書くページから読み取ってもらいたいと思うが、私はいまでも〝ビッグ3〟と聞いただけで、心のなかにある種の感情が湧いてくる。

ともかく、ヨーロッパからアメリカにメイン舞台を移した自動車戦争は、すぐに日本を巻き込んでいくことになる。

特に関東大震災（一九二三年）のあと。焼け野原になった関東地域の復興に活躍したのが、

〝円太郎バス〟と名付けられたT型フォードだった。時を同じくして、GMシボレーなどが日本各地の道路を走るようになった。

私は、良くも悪くも、その〝ビッグ3〟の一つだったフォードの影響をまともに受け、サラリーマン人生の流れを変えることになった。人の歴史もまた、予期せぬ川の流れのなかにある。

もちろんここからの話は、流れが変わった私の人生の話ではない。大きくうねりを上げて動きはじめた日本の自動車産業についての話である。

日本にやってきた大きな波

当時の日本社会を想うとき、どうしても顔を出してくるものがある。それは世界中の国々を巻き込んだ〝第一次世界大戦〟である。

特に、日本陸軍の懸念は、そのまま国家の懸念になった。そしてそのことが、日本の自動車産業育成への大きなきっかけになった。

「日本が戦争に勝ち抜くためには、航空機、船舶、自動車などの重工業を育成することが必須である」

こうして一九三六年、自動車製造事業法が成立した。この事業法が生まれる社会の空気を背景にして、それぞれ設立のいきさつや年度は異なるものの、日産、トヨタ、そしていすゞがその形を整えた。

もちろん事業法の主旨は、輸入車と輸入部品に関税をかけ、国内の自動車産業を保護・育成しようとするものだった。

「法律で自動車が造れるものなら、造ってみろ」

当時、すでに日本市場に進出していた日本フォードのコップ社長は、こう言ったと伝えられる。

確かに、当時、アメリカ車と日本車では、大人と子どもほどの違いがあった。それはちょうど、当時の米大リーグと日本のプロ野球の差くらいだったと思われる。

ただ野球と自動車は違う。この事業法によって、アメリカ〝ビッグ3〟は日本の自動車会社と提携を模索する方向へと舵を切らざるをえなくなった。

しかしその後、GMと日産の交渉は決裂。フォードとトヨタの交渉は、二〇年間にも及んだ。そして一九六〇年に、その交渉に終止符が打たれた。

一九六〇年代に入ってからも、数々のうわさ話が飛び交った。クライスラー+マツダの話もそのひとつだった。

実は、その頃、フォードがトヨタに代わって目を付けていたのは、その後、ロータリーエンジンの実用化に成功するマツダだった。

なぜマツダはフォードと手を組んだのか。現役時代に、よくそういう質問を受けた。しかしそれは川の流れ…。いや、あらゆる偶然の積み重ねというしかなかった。

ただ一つ、覚えておこう。あのときの流れから生まれた日米の自動車会社の資本提携というのは、フォード+マツダが唯一のものだった。

それと相前後するように、ヨーロッパの自動車会社もまた、日本の自動車会社との連携を模索しはじめるようになった。

こうしてヨーロッパで起きた大きな流れは、アメリカで勢いを増し、さらに新興の日本を巻き込んでいくことになる。

この時代から日本の経済成長は、ほぼ一直線に右肩上がりを続けることになった。

ここで大切な話がある。

それは、急速なモータリゼーションの普及が、日本の経済成長のモーターの役割を果たしたということである。

国土の大動脈として、全国で建設がはじまった高速道路。それに砂ぼこりを上げていた田舎のデコボコ道までアスファルト舗装された。

さらに都会周辺で建設がはじまった高層住宅や大型ショッピングセンター、郊外レストラン、レジャー施設……。

これらはみな、人々が自動車を使うことを前提にしたインフラ整備だった。実は、現代の社会（構造）というのは、この頃に建設されたものが基本になっている。

自動車という商品は、単に自宅に車庫があればいいというものではない。それを使って出かけたら、その先にも駐車スペースがいる。つまり、走行する道路はもちろんのこと、行く先々にそれなりのスペースが必要なのである。

そうなると社会の構造を、予めそのように造って整えておかなければならない。このための建設ラッシュが、日本の経済成長の大きな原動力になった。

ＣＭに見る日本社会

自動車という商品が先導役になって作り上げた社会は、決してインフラ（ハード）の世界だけではなかった。

自動車という商品は、人々の心（生活）のなかに〝なくてはならない存在（モノ）〟として位置づけられるようになった。

その結果、一九六〇年代後半から八〇年代にかけて、TV画面に登場してきた自動車のテレビCMは、時々の社会の世相を表わす写し鏡になった。

以下に紹介するのは、次々と登場してきたCMのほんの一例である。

「白いクラウン」(一九六八年 トヨタ)
「愛のスカイライン」(一九六九年 日産プリンス)
「隣のクルマが小さく見えます」(一九七〇年 日産)
「直観、サバンナ」(一九七一年 マツダ)
「ケンとメリーのスカイライン」(一九七二年 日産プリンス)
「ホンダ、ホンダ、ホンダ…」(一九八一年 ホンダ)
「いつかはクラウン」(一九八三年 トヨタ)
「お元気ですかー」(一九八七年 日産)

これらのCMを知らない若い人のために、ちょっと解説しておこう。

一九六〇年代半ばまで、日本の高級乗用車のボディカラーと言えば、黒が基本だった。その常識を破ったのが、CMで謳われた「白いクラウン」だった。

一九六六年に日産とプリンスが合併したあと、「愛のスカイライン」（プリンス系）が、若者の人気CMのひとつになった。その絶頂期に生まれたCMが、「ケンとメリーのスカイライン」だったのである。

このCMが撮影された北海道の美瑛は、その後、観光の名所になった。

日本のモータリゼーションの火付け役になったサニーとカローラ。その熾烈な販売競争のなかで生まれたCMが「隣のクルマが小さく見えます」だった。言うまでもないことだが、隣のクルマとは、カローラのことを指す。

世界初のロータリーエンジンを搭載したコスモスポーツに続いて発売されたサバンナが、一般の人でも買える価格帯で登場してきた。サバンナ（熱帯草原）を走るイメージとともに「直観、サバンナ」が話題になった。

ホンダが発売したシティのCMでは、「ホンダ、ホンダ、ホンダ」と連呼しながら、自動車の周りをまわるマッドネスという男性グループのコミカルな動きが、全国の話題をさらった。

大衆車の全盛時代。山村聰と吉永小百合がCMに登場してきたクラウンは、憧れの高級車としての位置づけを鮮明に打ち出した。その頃は、本気で「いつかはクラウン」と思った人が多かった。

日産の高級車セフィーロのCMは、井上陽水がクルマの窓を開けて「お元気ですかー」と問いかけるだけの、ほっこりとしたものだった。このCMが大ヒット。

ただこのCMは、その後、昭和天皇ご崩御（一九八九年）の際に、音声が消されて放映された。国家の不幸に際し、不謹慎ではないかと日産側が配慮したものだった。

自動車のCMシーンを思い起すと、当時の日本の世相がセンチメンタルに蘇ってくる。自動車というのは、まさしく昭和（一九二五〜八九年）という時代の日本人の生活シーンを切なく華やかに彩ってくれた商品だったのである。

日米自動車戦争

日本の自動車産業は、電器やカメラなどとともに日本の花形産業になった。

思い起こしてみよう。世界中にソニー商品があふれ、人々はキャノンのカメラを首にぶらさげて旅行に出かけた。

この時期から、小型自動車の開発・導入が遅れたアメリカ市場への日本車の輸出は、年々増え続け、やがて〝ビッグ3〟を脅かすような存在になった。

このため一九七〇年代には、アメリカの景気悪化や選挙などの政治イベントのたびに、日本車の輸入規制を行うべきだという議論が起きた。

一九八一年。それまで自由貿易を推進していたレーガン政権は、ついに日本に対し、輸出自主規制を行うよう迫った。

こうした圧力を受け、日本政府と自動車業界は、対米輸出台数を制限する自主規制を実施することを決めた。

その自主規制は、当初、三年間の予定だった。しかし、双方の関係に改善の兆候は見られず、ついに一九九三年（一〇年間延長）まで続くことになった。

その間、デトロイトなどの自動車産業の集積地では、日本車をハンマーで叩き潰すというパフォーマンスが幾度となく繰り返された。

この状況は、メディアなどで日米自動車戦争とか、日米貿易摩擦とか呼ばれたものの、長い時間のせいで、いつのまにか風化したように見えた。

しかし、このところのトランプ大統領の発言などを聞いていると、その頃の状況はいまでも変わっていないのではないかと思われる。

この際、元自動車会社の社員として、言わせてもらいたいことがある。

自動車という商品は、あくまでそこに住む生活者が、自らの利便性のために買い求めるものである。

なぜ日本車が売れるのか。それは、日本車のパフォーマンスが優れているからである。アメリカ車は、その点を改善しなければ、永遠に問題を解決することはできない。

もしアメリカ政府が何らかの輸入規制を行うとしたら、その損失を被るのは、その自動車を使いたいと願うアメリカ国民の方である。

現に、私はアメリカでディーラー回りをしているときに、その話を直接マツダユーザーから聞いたことがある。

いまから八〇年以上前。日本フォードのコップ社長が言ったとされる言葉が、そのままここに当てはまる。

「規制でクルマが売れるものなら、売ってみろ」

烏合のせめぎ合い

私は、東京モーターショーの運営を計14回も担当した。

最初の頃は、一九七〇年代の宣伝部（国内）在任のとき。企画から現場までのすべてを担当した。そしてかなり間をおいてから、後半は一九九〇年代にマーケティング本部に在任したとき、担当責任者として、だった。

特に、後半のときには、自動車工業振興会の企画委員会の副委員長を務めた。つまりマツダの責任者であると同時に、ショー全体（主催者）の副責任者だったのである。

そのため、その証となるバッジを胸に付けて場内を歩いていると、トヨタや日産の社員からも目礼を受けた。

そのとき見聞きした話である。当時の東京モーターショーは、世界6大モーターショーのひとつに数えられ、開会式や広報イベントのときには、世界中の自動車会社のトップが集まっていた。

考えてみると、このような機会はめったにない。会社同士で、国境を越えて、わざわざ出向いて行くということになると、会談はオフィシャルということになる。

ところがモーターショーの会場なら、そういうオフィシャルな関係を避け、比較的、自由に非公式な会談ができた。

私は、毎年のように、近くのホテルで世界中の幾多の自動車会社のトップ同士の会談が行われたのを知っている。

それらの会談は、各社とスケジュール調整などをしていると、必ずと言っていいくらい漏れ伝わってきた。

そのなかには「エッ！」と驚くような組み合わせの会談もあった。

なぜあの頃、烏合のような会談が頻繁に行われていたのだろうか。

その答えは、あの頃、世界中に蔓延していたあるボリューム至上主義の考え方のなかにあった。

これを突き詰めて書けば、二〇世紀後半にボリュームを志向したアメリカ主義ということになる。

当時、フォードCEO（最高経営責任者）のジャック・ナッサーの唱えた言葉が、そのことを象徴していた。

「世界の自動車会社は、年間400万台規模の生産を実現していかないと、生き残ることはできない」

この考え方は、すぐに「400万台クラブ」という言い方で世界中に広まった。そして、それ以外に自動車会社が生き残っていく道はないのだ、という考え方が定着することになった。

こうなると、世界の自動車会社は、我先にと提携する相手を探すことになる。私が耳にした数々の奇怪な会談話は、そういう動きの氷山の一角だったのである。

もし自動車会社の合従連衡の主たる目的が、そういうこと（量の論理）だったとしたら、その中身は、極めて脆弱なものになる。

その私の信念は、あの頃から半世紀近くが経ついまでも変わらない。

規模の大小にかかわらず、それぞれ独自の生い立ちや個性を持つ会社同士が、なにゆえに一緒にならなければならないのか。そこに明確な大義（理由）がない限り、その関係が長続きすることはない。

私の信念の根底にあったものは、それまで各社が築き上げてきた企業ブランドの本質に由来している。

案の定と言うか、その脆弱さは、その後の一〇～一五年間で露呈することになった。

覚えきれなかった相関図

その頃（一九九〇年代）の状況を、おおまかに整理しておこう。

ひたすら規模拡大を目指したフォードは、リンカーン、マーキュリー、アストンマーチン、ランドローバー、ジャガー、ボルボ、マツダの7社を傘下に収めた。

一方のGMも、いすゞ、富士重工（スバル）、スズキなどに出資し、影響力を強めていった。

その前に、そもそもGMという会社は、社名（General Motors＝総合自動車）が示すとおり、多くの自動車会社の集合体である。

さらにクライスラーと提携した三菱自動車は、のちにクライスラーがダイムラー・ベンツと合併したため、ダイムラークライスラーの一員になった。

さらにその後、三菱自動車は、ダイムラークライスラーの支援が打ち切られることになり、EVカーの共同開発などで連携していた日産のいるルノーグループに入った。

合従連衡のうねりはさらに続く。いま話題になっているルノーと日産は、日産の経営危機をきっかけにして、そのときに生まれた資本関係である。

現在、この2社のトラブルのなかに三菱自動車が巻き込まれているのは、そのときに形成された相関図のためである。

このとき国内最強のトヨタは、ダイハツ、日野自動車を傘下に収め、そして比較的、独立色を出していたホンダも、のちにGMと手を組んだ。

あの頃は、自動車会社の社員ですら、どことどこが手を結んでいるのか、よく分からないくらいだった。

繰り返すが、この一連の流れは、グローバルな不偏価値を有する自動車という商品特有の現象だったと思われる。

この際、私たちは、その背景にあったものを決して忘れてはいけない。それは〝大きいことは良いことだ〟とするアメリカ主義だった。

グループのスケールが大きければ大きいほど、相互協力の範囲が広がって、ビジネスチャンスも大きくなる。このとき強調されたのは、スケールメリットによる巨大企業の論理だった。

こうして世界の自動車会社は、ひたすら生産・販売台数の規模の拡大を目指すことになった。

もちろん前述のように、企業の提携や合併というのは、お互いの強み、弱みを補完し合う相乗関係でなければ意味がない。

つまり本来、足し算や引き算（量）の話ではなく、掛け算（質）の話なのである。

世紀の大合併

こういう合従連衡によって、たとえ一定期間であったとしても、しっかりと企業基盤が築かれた会社もあった。しかしその一方で、企業破綻の要因になったケースもあった。

一九九八年。企業文化がほぼ正反対だと思われていたダイムラー・ベンツとクライスラーの合併に世界中が驚いた。

そして内外のメディアが〝世紀の大合併〟と書き立てた。それぞれドイツとアメリカを代表する企業だったからである。

しかし私は、その合併理由を聞いたときに愕然とした。そして、すぐに前途多難を予感した。

それぞれ社運をかけた合併であるはずなのに、その理由が〝取って付けたようなもの〟だったからである。

そのときクライスラーは、高級車造りのノウハウを学びたいと語った。そしてダイムラー・ベンツは、米国内での販売力を強化したいと語った。

考えてみると、そういうことはリップサービスレベルの話であり、この合併が、単にその頃の時流に乗り遅れまいとするものだったことを窺わせた。

2社の対等合併によって誕生したダイムラークライスラーは、わずか九年後の二〇〇七年にその関係を解消することになる。

このときダイムラー・ベンツは、一種のけじめだったと思われるが、多数のファンの反対を押し切り、社名をダイムラーに変更した。つまりその時点で、あの由緒あるベンツの名前が社名から消えた。

一方、合併に失敗したクライスラーは、その後の世界金融危機（二〇〇九年）のときに破産申請をして、フィアット（伊）の完全子会社になった。そして、いまはフィアット・クライスラー・オートモービルズという会社名になった。

かつて栄華を極めた〝ビッグ3〟の一角が、このような形になることなど、いったい誰が予想したであろうか。

もちろん歴史にタラレバはない。しかし、あのとき合併さえしていなければ…。そう考えると、いまでも不思議な運命の流れみたいなものを感じる。

その後、極度の不振に陥ったフォードもまた、傘下にあった企業の株式を次々と手放していくことになる。その流れのなかで、マツダもフォードとの関係を断った。

こうなると、あの頃、フォードと格闘した私のサラリーマン人生は、いったい何だったのかということになる。

私の両親の葬儀のとき。それぞれ祭壇の両脇に、外国人（ウォレス、ミラー）の名前の花輪が飾られたことは、いまなお忘れ難き記憶である。

一方で、ルノーと日産の関係は、今日まで脈々と続いている。ところが経営トップ（カルロス・ゴーン）の在任期間が長すぎたせいもあって、これがまるで仕組まれたドラマのような展開になっていく。

いまなお尾を引くゴーン問題は、はっきり言って、このときの合従連衡の副産物だと言ってもよいと思う。

国際的に企業ガバナンスが叫ばれるなかで、起きてはいけないことが起きてしまったということである。

ただ、この話は、自動車業界だけのことに留まらなかった。

その頃からたびたび耳にするようになった「M&A」「企業価値」「ステークホルダー」などという言葉は、その後、二一世紀に入ってからホリエモン（堀江貴文）の登場などによって流行語のようになっていった。

そのときのトラウマのせいなのだろうか。私は、これらの言葉にあまりポジティブなイメージを持っていない。

20世紀の主役を務めた自動車

ここで、この章の話を整理しておきたい。

ヨーロッパで誕生した自動車は、米フォードの大量生産方式の導入によって爆発的なヒット商品になった。そしてその後、自動車産業は、アメリカを象徴する基幹産業になった。

〝ビッグ3〟と呼ばれたアメリカの巨大な自動車会社は、その後、世界進出を目指し、やがて世界中の自動車会社がそのペースに呑み込まれていく。

新興勢力ながら、著しい成長が見込まれていた日本の自動車産業は、そのメインターゲットの一つになった。その結果、この大きな渦のなかに、世界の多くの自動車会社が取り込まれることになった。

こう考えてみると、自動車というのは、世に数々のドラマを創り出し、まさに二〇世紀を代表する商品だったのである。

そして、もう一つ気付くことがある。世界の経済は、大体、ヨーロッパ→アメリカ→日本→中国という流れで伝播していくように見える。これを地球儀で俯瞰するならば、東から西への流れになる。

古くは、一八〜一九世紀の産業革命。そして、その後の自動車の普及による生活・社会システムの進化。いずれも東から西への流れだった。

私の目には、その基盤となる社会の風潮や音楽・映画の傾向さえそうなっているように見える。

いまから半世紀後のアメリカは、いまのヨーロッパみたいになるかもしれない。同じように、半世紀後の日本は、いまのアメリカみたいになるかもしれない。

そして、その変化の速度は、だんだんと速くなっていく。

この章の冒頭で、川の流れのように…と書いた。

ただここまでの話は、もはや歴史であり、もう書き換えることはできない。しかしこれからの話は、これからの人々が自由に描くことができる。

はっきり言えることは、未来の歴史は、過去の歴史の延長線上にあるということである。決して、突然に、これらと異なる道筋が作られることはない。

いま世界の自動車産業の間で静かに進んでいる動きは、あの頃の合従連衡とはわけが違う。もはや20世紀型のボリューム至上主義の考え方は、どこにも存在しない。

いま世界の自動車産業は〝MADE〟と称される技術革新の大転換期を迎えている。

〝MADE〟（頭文字）というのは、次のような内容を指す。

Mobility ＝自動車配車システムやカーシェアなどの移動手段
Autonomous ＝自動運転車
Digitalized ＝機器のデジタル化
Electrized ＝電気自動車などによる電動シフト

これらのどの分野も、さまざまな可能性を秘めている。ただ「Digitalized」以外は、まだその先が完全には見えていない。

いまどの会社がどの技術に優れているのか。そして自社の技術に何を組み合わせれば、未来を開くことができるのか。世界の自動車会社がみな、同じスタートラインに立っている。

そうなると、大きな会社が有利だという発想は生まれてこない。むしろ小さな会社にこそ、大きなチャンスが生まれる。

また現存する自動車会社には、過去の技術基盤を引きずらざるをえないという、それぞれ独自の事情がある。この際、これが強みではなく、弱みに変わる可能性も大きい。つまり強固な基盤があるために、なかなか新しい発想が生まれてこないのだ。

一方で、何のしがらみもない新興の会社（国）には、それがない。現存する自動車会社が電気自動車を開発するのは大変難しい。しかし新興の会社なら〝いきなり電気自動車〟なので、むしろ取り組みやすい。

これからも世界の自動車会社の合従連衡の動きは続くものと思われる。しかしその動機は、過去のものとは全く違う。

おそらく表向きは、これから台頭する中国勢、デトロイトからシリコンバレーに主役を移すと思われるアメリカ勢などが流れを作ることになるのではないか。もちろん日本勢もこれらの動きに後れをとることはできない。

このことについては、第４章と第５章で詳しく書くことにする。

第3章

フォードから学んだマツダ、ルノーから学べなかった日産

マツダの第二次経営危機の話である。

それは、一九八〇年代半ばからスタートさせた国内5チャネル販売体制に翳りが見えはじめた一九九〇年代前半に顕在化してきた。

それまで右肩上がりの需要を背景にして、国内で導入したマツダ、アンフィニ、ユーノス、オートザム、オートラマの5つの販売チャネルが有効に機能していた。

しかし、さらなる売り上げ増を図ったマツダの果敢な挑戦は、その後、徐々に崩れていくことになる。

それは歴史的に俯瞰してみると、かなりリスクの高い挑戦（計画）だったと言ってもいいかもしれない。

私は、すでに第2章で書いたように、山崎芳樹（一九七七年）、山本健一（八四年）、古田徳昌（八七年）、和田淑弘（九一年）へと社長のバトンが繋がれていった時代を「マツダの変動期」と名付けている。

この言い方は、その時代の一つひとつの局面で、既存の枠組みを超えた抜本的な構造改革が必要になったことを意味している。

一九九〇年代に入ってからのことだった。すでに国内では日産とマツダが、それぞれ先行きが危ぶまれる状態になっていた。

ここで両社に違いがあったとすれば、日産は巨大な裾野産業を抱え、もはや身動きのとれない状態。マツダは、そこから先行きの見通しが立てられないような不安定な状態に陥っていたということである。

その後、フォードが本格的にマツダの経営に乗り出すことになったのは、一九九六年に持株比率を25％から33・4％に引き上げてからのことだった。

私はそこから、社内でアメリカ的な価値観と日本的な価値観が衝突する数々の興味深いやりとりを体験することになった。

フォード主導のもと、マツダは日本自動車業界初のマーケティング本部を設立した。私は、その要となる初代ブランド戦略マネージャーに任命された。

あの頃、世界に名をとどろかせた国際企業（フォード）の人たちと一緒に仕事ができたことは、いまから考えると、かなりエキサイティングなことだった。

それは、どんなにお金を払っても体験できることではない。これから書くのは、そのほんの一部の話である。

4人の外国人社長

フォードがマツダに送り込んできた社長は、計4人に及んだ。いま振り返ってみると、みんな個性豊かな人たちだった。

最初（一九九六年）に社長になったヘンリー・ウォレスは、当初、副社長として和田社長を支える役目に徹していた。

私も、幾度となく会議に同席させてもらったが、彼の発言は、常に冷静沈着で筋が通っていた。一口で言うと、物静かな英国紳士。彼は、たちまち日本の自動車業界初の外国人社長として話題を集めるようになった。

就任から一年六か月が経過した一九九七年一一月。私たちは、当時、人気絶頂だったウォレス社長の驚きの行動を目の当りにすることになった。

彼は、奥さんと約束していた日本での滞在期間が過ぎたため、突然、社長を辞任すると発表した。いくら欧米流のビジネススタイルだと言っても、そういうことは、私たち日本人の常識（慣習）にはなかった。

同年にウォレスの跡を継いだジェームズ・ミラーは、行動派の営業マンという感じだった。

とにかくよく動き、決断が速かった。

私は、この決断の速さを活用すべく、度々社長室を訪ねた。日本企業特有のタテラインに従って仕事をしていると、なかなかモノゴトが前に進まなかったからである。

彼は、従業員2万人を超える大企業のトップなのに、小さな販売会社のトップのような雰囲気を持っている経営者だった。

彼はイエスのときでも、ノーのときでも、私が部屋を出るときは必ずウィンクをしてくれた。なぜウィンクだったのか。その本当の意味するところは、二〇年が経ったいまでもよく分からない。

東京モーターショーの現場でのことだった。打ち合わせの最中に、彼が席を立った。よほど大切な用件があるのだと思ったが、彼は、一人で自動販売機のコーラを買いに行っただけだった。

ミラー社長は、私の部下より、よく動いた。「上になるほど、よく働く」。それが当時、私の欧米ビジネスマンのトップのイメージになった。

フォードから来た4人の社長のなかで、最も重要な役割を果たしたのは、3人目のマーク・フィールズだった。

彼は、一九九九年にマツダ史上最年少（三八歳）で社長に就任した。ちなみに当時、全社員の平均年齢よりも三歳ほど若かった。

たいていのことには驚かなかった社員も、さすがにこれには驚いた。ただ、ここからマツダのフォード化は一気に進むことになった。

彼が唱えた言葉は「Change or Die（変革か死か）」。フォードの考えは、マツダ社内の隅々まで行き渡ることになった。

私は、二〇〇一年に彼のもとで導入された「早期希望退職制度」に応募して、32年間も在籍していた会社を辞めた。

いま振り返るに、フィールズには、これまでの2人の社長よりも感じるものが多かった。おそらく彼が、専務（マーケティング担当）として来日したときから、ずっと一緒に仕事をしていたからだと思う。

一口でその印象を語るならば、彼は、何事も教科書のように仕事をする人だった。政治家で言えば、正統派リベラル。そのまま大学の教授にもなれた。

ただ彼とのやりとりを最後にして、私のフォード体験は途切れることになった。従って、私が貧しい体験をもとにして、フォードから赴任してきた社長の人物像を語れるのは、ここまでである。

二〇〇一年三月三〇日。私は会社を去った。

従って、その後（二〇〇二年）に社長に就任したルイス・ブースについては、ほとんど知識を持たない。後輩たちからの聞き伝えによると、彼は、真面目に実務を遂行する日本人のような性格の持ち主だったという。

ともかくフォードからやってきた4人の外国人社長は、それぞれ異なる個性によって、マツダという古風な会社に欧米流のやり方（後述）を植え付けてくれた。

一九九六年にウォレスがはじめてマツダ社長に就任してから七年。4人の社長在任期間は、平均で2年に満たなかった。

この点が、在任期間が二〇年に及んだ日産のカルロス・ゴーンとの決定的な違いになった。

フィールズという男

そのゴーンとフィールズが、はじめて顔を合わせたときの話である。

第34回東京モーターショー（二〇〇〇年）。フィールズと一緒にレセプション会場に向かった。歩きながら、彼が私に言った。

「その場でやるべきことがあれば、言ってくれ」

私は、彼にあまり負荷をかけたくなかった。

「セレモニーですから、特にやるべきことはありません。ただ、もしチャンスがあれば、寛仁殿下（総裁）にご挨拶を…」

私は当然のことながら、彼の動きを注視していた。その場では、マツダ＝フィールズだったからである。

実は、いまだから白状するが、もう一つ別の会談を予め日産側と話し合って決めていた。まず彼は、寛仁殿下と当時の奥田碩・自工会会長に挨拶に行った。その行動や所作は、まるで映画俳優のようにスマートだった。

そしてセレモニーが終了したあとのこと。２人の人物のところにドッと報道陣が押し寄せた。

こうして予め仕組んでおいたゴーンとフィールズの会談が実現した。場所は、幕張メッセのレセプション会場。形式は立ち話。時間は3分間程度だった。

当時、日本の自動車会社にやってきた2人の外国人社長の挙動は、世界中で注目されていた。そのため私たちは、この2ショット写真（添付）が世界中のメディアで紹介されることを予め承知していた。

私たちはこのとき、日産とマツダが国際企業として立ち上がっていく姿を印象づけたかったのである。

従って、このときの会談内容は、担当者である私も知らない。実のところ、話の内容などはどうでもよかったのである。

いま記憶に残っていることと言えば、そのときゴーンの秘書（女性）が、フィールズのサインが欲しいと言ってきたことくらいである。

当時、社内でも話題になっていたが、フィールズは、ハリウッドスター顔負けの端正な容姿の持ち主だった。

日産のゴーン社長（右）とフィールズ社長（社内報より）

もう一つ、フィールズの話である。

それは、私が「早期希望退職制度」に応募して会社を去った直後のことだった。

私は縁あって、地元の中国新聞で「マツダの日々」というコラム（エッセイ）を連載していた。それは二か月間に及ぶ長い連載（計44回）だった。

その連載がはじまってから、びっくりするようなことがあった。フィールズ自身がその内容を知りたいので、全文を翻訳するよう指示したのである。

世の中というのは狭いもので、その翻訳を担当したのが、私の娘の友人だった。さらに自慢話のようになって恐縮だが、私の娘は、英国留学を含めて三年間も海外生活を経験し、英語を得意としている。

その娘の友人は、コラムを書いている私との関係を知らずに、娘に翻訳の単語選びを相談してきたのである。従ってフィールズは、私の娘が翻訳を手伝った英文を読んでいたということになる。

ただ、ここで書きたかったのは、娘の英語力の話ではない。自らが実施した「早期希望退職制度」で会社を去った社員の心情を知りたいと思った彼の気持ちの方である。

つまりこの点が、非情とも思われたゴーンのリストラ策（後述）とは違うのではないかという話である。

実は、その後、アメリカの某メディアからフィールズと私の対談を収録したいという申し出があった。

もちろん私は、その申し出を断った。彼と会社を辞めたときのいきさつを詮索し合うというのは、潔いことだと思わなかったからである。

彼はその後、米誌「フォーチュン」（二〇〇一年六月号）で、世界の「次世代を担う若手経営者25人」の1人に選ばれた。

そして彼は、マツダから帰任して、米誌の予測どおりにフォードCOO（最高執行責任者）を経て、CEO（最高経営責任者）にまで昇りつめた。

ただ残念なことに、彼は二〇一八年にトランプ大統領のアメリカ第一主義のあおりを受けて、その役職を降りることになった。

フォードから学んだ3つの主義

マツダにとって、フォードと共に歩んだ長い時間は、いったい何だったのだろうか。

その感じ方は、人や立場によって異なると思われるが、私は、多くのマツダ社員が幾多の苦い経験をしたことをよく知っている。

しかしその一方で、そんな時期があったからこそ、いまに続く逞しいマツダが出来上がったのだと固く信じている。

つまり、このときマツダ社員たちが経験したことが、その後のマツダ復活の大きな原動力になった。

その後、マツダ社長は生え抜きの日本人（井巻久一、山内孝）に代わった。しかしフォードの持ち株比率が変わらなかったので、その影響力がなくなるということはなかった。

そのため私は、フォードがマツダの持ち株比率を引き下げて、明らかに手を引きはじめたと思われる二〇〇八年までを「フォード支配期」と呼んでいる。

その間、マツダがフォードから学んだことは限りなくたくさんある。これを大雑把に括ると、次の3つの主義に集約されるのではないか。

（1）徹底した合理主義
（2）公開主義
（3）ディベート主義

これらについて簡単に説明しておこう。

「徹底した合理主義」というのは、言うに易く行うに難いことである。しかしこれが、社内のいたるところで浸透しはじめた。

このときウォレス、ミラー両社長の下で采配を振るったヘクスター（専務）という人物の役割は大きかった。

その施策というのは、ノンコア資産の売却、不採算部門の整理などだった。

例えば、過去のしがらみによって継続されていたと思われる事業、そして直接、利益を生み出さない事業は、容赦なくその対象になった。

かつて「東洋工業サッカー部」として一時代を築き、その後プロ化したサンフレッチェ広島は、そのときマツダからの資金支援が見直され、エディオン（当時、デオデオ）の支援を仰ぐことになった。

また関西を中心に供給されていたタクシー、全国の教習所で使われていた教習車などは、採算性が良くないとして事業そのものが廃止された。

その延長線上で実施されたのが、フィールズ時代の「宇品第二工場の閉鎖」と「1800人（実際は2210人）の間接社員の削減」だった。

さらに購買部門の合理化は徹底していた。いわゆる〝ケイレツ〟が見直され「世界最適調達」という新たな方針が打ち出されることになった。

つまり日本の自動車産業特有の〝ケイレツ〟という概念が否定され、世界中のどこからでも、最適と思われる部品を調達してくるというやり方が定着した。

こうなると反対に、マツダ関連会社は、トヨタや日産に売り込みをかけることも可能になる。

これらの政策は、いまから考えてみると、当たり前のことだったように思う。しかし当時は、一部のマツダ関連会社の社員が途方にくれるというニュースが、度々メディアで流された。

次は「公開主義」についてである。

それまで日本企業には、独特の悪習があった。例えば、何か問題が起こりそうになると、まずそれを隠そうとする力が働く。それを公表するのは、問題を解決してからのことである。しかしそれが途中で隠し通せなくなると、差し障りのない表現で、その場を取り繕おうとする。

こうして、いつのまにか二進も三進もつかなくなり、最後には大きな問題となって世の中に出てくるというプロセスである。

いまでも日本企業は、このパターンを繰り返し、ひっきりなしに不祥事を引き起こして、絶え間なくメディアにネタを提供している。

ところが欧米の…、いやフォードという会社には、そういう風潮がほとんどなかった。社内では、すべての人が情報を公開（共有化）し、仕事を進める。

私の印象では、何かミスが起こると、彼らは奮起した。それを公開し、克服していくプロセスを見てもらい、それを手柄にしているようなところもあった。

その後、そういうやり方は日本社会で常態化し、金融機関などでは「ディスクロージャー」という言葉が定着するようになった。

この言葉のウラには、不都合なことをポジティブに公開していくというニュアンスが含まれている。


これらの話は、もう一つの「ディベート主義」にも繋がっていく。

例えば、マツダの最高意思決定機関である経営会議。フォード社員は、何かコトが起こると、経営会議で議論し決着させることを目指した。

ところが日本人社員には、禍根を残してはいけないという思いが心底にあったからだと思われるが、ひたすら経営会議での議論を避けた。

経営会議というのは、あくまで決定された事項を承認する形式的な手続きを行う場だったからである。

つまり、それまでの日本の企業風土で言えば、すべてのことは波風立てずに円満に進行されなければならないのである。

この違いは、非常に大きかった。小さな社内会議でも、議論が紛糾すると、フォード社員は「いい会議だった」と評価した。

これは対決を厭わないタテマエ文化と、ひたすら協調を目指すホンネ文化との違いでもあった。しかしビジネスの世界では、日本人のホンネ文化（協調姿勢）がウラ目に出ることの方が多かった。

特に、さまざまな民族がかかわる国際ビジネスにおいては、正論を軸にしたタテマエ文化でないとやっていけない。

つまり、日本企業で真の改革を行おうとすれば、対立（議論）を恐れていては実行できないのである。

私は、いまでも固く信じていることがある。それはマツダが長い時間をかけて、フォードから学んだ仕事の進め方だった。

「公開主義」と「ディベート主義」は、マツダ社内（特に経営側）においては、恣意的に悪事が行われることはない、ということである。

もちろん人間のやることなので、ミスはある。その場合でも速やかに、そして誠実に問題が処理される。マツダには、そういう企業風土がある。

それは、フォードのやり方を真剣に学んだマツダ社員の誇るべき資質だったように思う。

そしておそらくそれは、日本で一番多く海外移民を送り出した広島県人（多くが安芸門徒）の気質と無関係ではないように思う。

岩中祥史の『広島学』（新潮文庫）によると、「広島県人は明るい働き者が多く、雇用主の信頼を勝ち取ることができた」というのだ。そして何より探求心が強く、それを素直に受け入れる資質が備わっているというのである。

日産の社員には大変申し訳ない言い方になるが、このわずかな資質の違いが、これから書く日産との大きな違いになったのではないかと思われる。

カルロス・ゴーンの登場

あの頃、瀕死の状態に陥っていた日産とマツダ。

他社の話どころではなかったが、それでもマツダ社員として思うことがあった。

「マツダはなんとかなる。しかし、日産の再建は難しいのではないか」

なぜそう思わせたのかというと、最大の根拠は、日本の自動車産業の構造の根深さにあった。

すでに書いたように、自動車産業というのは、その頂点に組み立て会社としての自動車会社があって、その裾野に、幾多の第一次、第二次…の部品関連会社が広がっている。さらにそれらの間に、物資を運ぶ物流会社がある。

特に、日産ファミリーと呼ばれる企業群は、とりわけその構造が複雑で強固なものだった。言ってみれば、広島地区を中心にしたそれとはスケールが違っていたのだ。

こういう状況下で、事態をいっそう難しくしていたのは、その子会社、関連会社の人たちの多くが、日産から出向した人たちだったことである。

つまり、そこに、かつての上司や先輩たちがいる。そのため、なかなか手が出せなかったのである。

日産の改革が難しいとされていたのは、主としてこの点にあった。こういう人間関係のしがらみを断ち切るためには、やっぱり外国人の方がいい。

そこで白羽の矢が立ったのが、当時、ルノーでナンバー2の地位にあったカルロス・ゴーンだった。彼は、すでにコストカッターという異名を持つ男だった。

当時まだ44歳。レバノン、ブラジル、フランスの3か国の国籍を持つ国際ビジネスマンだった。

一九九九年。カルロス・ゴーンは、そのとき経営危機に陥っていた日産を建て直すために、ルノーから派遣され、最高執行責任者（COO）に就いた男だった。

この人事が、のちに日仏を絡めた大きな問題に発展することなど、まだ世界中の誰も知らなかった。

それはいまから遡ること、二〇年前のことだった。

日産リバイバルプラン

一九九九年。日産が発表した「リバイバルプラン」の中身は、凄まじいものだった。果たして、本当にそんなことができるのだろうか。日本人の多くが、懐疑的な見方をしていた。

同年三月末時点で、日産の自動車部門の有利子負債は2兆1千億円に達していた。ところがゴーン率いる日産は、その四年後の二〇〇三年三月末に、有利子負債を実質ゼロにすることに成功した。いわゆるV字回復である。

こうして世にゴーンマジックと呼ばれる経営手法が、一躍、脚光を浴びることになった。ただこの内容をよく見てみると、日産が本業の分野で、どんどん良いクルマを出して売り上げを伸ばしていったという形跡は、ごく限られたものだった。

もちろんそういうことも寄与していたが、基本的には、ルノーから得た資金（第三者割当増資）を活用した諸施策、それに固定資産、有価証券などのノンコア資産の売却益などを中心にした業績回復だった。

こうした大胆で急速な改革は、当然のことながら、日本各地に大きな影響を及ぼし、一部の地域では混乱を生じさせた。

二〇〇二年。日産の主力工場の一つだった村山工場（武蔵村山市）が閉鎖された。そしてその後も、次々と5つの工場が閉鎖された。

もちろんその地域に住む人たちにとっては、街の活力源を失ったようなもので、その影響は甚大なものだった。

その頃は、連日のように、職を失うことになった社員の家族の様子などが、TV画面で報道された。

さらに日産の宇宙航空部門だった富岡事業所（群馬県富岡市）が、ノンコア事業としてIHIに譲渡された。

そしておひざ元の座間事業所（神奈川県座間市）が閉鎖。私は当時、その跡地に整備された「カレスト座間」というPR拠点を見学させてもらったことがある。

衝撃的だったのは、日産の本社ビル（横浜市）が売却されたことだった。ビルを管理する日産ビルネットの株式は、共立メンテナンスに売却され、日産はその後の一時期、そのビルを借りて仕事を続けることになった。

さらにモータースポーツの拠点としていた日産スポーツプラザ（東京都）は、コナミスポーツに売却され、日産デジタルプロセス（DIPURO）の株式も富士通に売却された。

断っておくが、これらはまだ氷山の一角にすぎなかった。

考えてみると、これらの売却が暗示したものは、日本企業特有の〝ケイレツ主義〟が音をたてて崩れていく姿だったように思う。その結果、日産の業績は、目を見張るほどの急回復を見せた。

そして日産のV字回復のもう一つの要因になったのが、ゴーンが最も得意としていたコストカット（削減）だった。

とりわけ部品調達に関しては、サプライヤーに対し、単なる値下げ要請をしただけではなかった。

彼は〝デザイン・イン〟と呼ばれる相互受益型のコスト削減方式を導入した。〝デザイン・イン〟というのは、部品サプライヤーが自動車の企画段階からメーカーに参画し、コスト全体を引き下げていくという手法である。

それらの手法によって、それまで1145社もあった日産の部品サプライヤーは、約700社にまで絞り込まれた。

それは車種間の共通部品を増やし、発注量を増大させて、スケールメリットによるコスト削減を図るためでもあった。

こうして日産は、本体だけでなく、部品サプライヤーも一緒に業績を回復させていったのである。

日産のV字回復、マツダのU字回復

ここで再び、マツダの話に戻る。

当時、日本の自動車業界にコストカッターと呼ばれた人物が、もう1人いた。それは〝日産のカリスマ経営者〟とは違って、かなり地味な男だった。その男の名前は、マツダのナンバー2だったヘクスター（前述）である。

2人が採った手法は、ほぼ同じように見えた。ただもし2人の違いを挙げるとしたら、協力会社や自社の社員たちとの接し方にあったのではないかと思う。

表向き、ほとんど私情をはさまず、淡々と仕事を進めたように見えたゴーン。一方のヘクスターは、相手の行く末を考慮しながら、慎重にコトを進めた。

当時、マツダ社内にいた私は、こんなシーンに出くわしたことがある。確か、三月一四日のホワイトデーだったように思う。

体の大きなヘクスターが、両手いっぱいに手提げ袋を持って、大量のチョコレートを社員に配って回っていた。彼は、日本の慣習に従って、協力会社や自社の社員に最大限の気配りをしていたのである。

もちろん日産のゴーンがどうだったのか、私は本当のところを知らない。ただここで大切なことは、本当の改革を進めるとしたら、そこに携わる人たちが少なからぬ理解を示し、心が通い合うものでなければならないということである。そのためには相当の時間がかかる。

この点で言うと、日産のV字回復というのは、マツダ社員にとって、どこか理解しにくいところがあった。

自動車という商品は、一つのモデルを開発するだけで5年近くかかる。しかも人の心というのは、元来、岩のように動かない。それなのに、日産はどうやって…というマジックを観るような不思議な思いだった。

一方、マツダの改革は一進一退…。長い時間をかけて、V字回復ではなく、ゆっくりとしたU字回復の道をたどることになった。

長すぎたゴーン体制

ゴーンの経営手腕は、日本だけでなく世界中で絶賛された。

そして彼は、二〇〇一年から一七年まで日産の最高経営責任者（ＣＥＯ）に君臨し続けることになった。

その過程で、ゴーンチルドレンと呼ばれる多くの親派が誕生した。彼の跡を継いだ西川広人前社長兼ＣＥＯもその一人である。

さらに彼は、二〇〇五年にルノーの社長兼ＣＥＯも兼ねることになった。そして二〇一六年には、グループの一員になった三菱自動車の会長も務めることになった。

こうなると、当然のことながら、３社で構成される企業連合のトップに就くことになる。そして、いつのまにかルノー、日産、三菱自動車の全権限がゴーン一人に集中することになった。

こうして、ゴーン事件の舞台（温床）が出来上がったのである。

「カルロス・ゴーン逮捕！」

二〇一八年一一月。このニュースは、アッと言う間に日本やフランスだけでなく、世界中を駆け巡った。

世に〝青天の霹靂〟という言葉がある。近年、自動車業界でこれほど驚いたことはなかった。

よもやま話みたいになって恐縮だが、人間には、2つの極端な資質を持つ人たちのグループが存在するように思う。

一つは、どんな立場になっても、私利私欲を捨てない人。個人実業家などは、良い意味で、このタイプでないと大成しない。

もう一つは、どんな立場になっても、公共の利益を優先させる人である。政治家やお医者さんなどは、このタイプの人でないと長続きしない。

ゴーンという人物は、報道などによると、前者の代表格だったのではないか。表向きに語られた「日産のために…」も、当初はウソではなかったと思う。しかし長い時間のせいで、次第に私欲の方が勝っていったのではないか。

悪事というのは、長い時間をかけて、雪だるまのように大きくなっていく。それが、たまたま日産という大企業で起きた。

そのことを許してしまったのは、①長すぎた権力期間 ②貧しかったガバナンス思考 ③関係者の人的資質の３つに尽きる。

正直に言って、有価証券虚偽記載、特別背任などという、まるで創作された企業小説みたいな内容には、さほどの関心はない。

関心があるのは、自動車業界の大きな変革期のなかで、ルノー、日産、三菱グループが足並みを揃えて、迅速な対応ができるかどうかということである。


その後、西川前社長も、役員報酬に関する社内規定に違反し、不当に報酬を受け取っていたことが判明した。

これは株価連動報酬の権利「ストック・アプリシエーション権（ＳＲＡ）」と呼ばれる制度を利用し、株価が事前に定められた水準を超えると、保有する株式数と株価に応じて差額を受け取ることができるというものだった。

西川前社長のケースでは、権利の行使日を意図的にずらすことによって、報酬が水増しされたものだが、それが数千万円という大金だったこと、他の複数の役員にも同様の行為があったことなどもあり、当初の「気付かなかった」という西川前社長の弁明に納得する社員は少なかった。

このため西川前社長の社内求心力は著しく低下し、日産が両輪で進めている「企業統治改革」と「業績の回復」に再び赤信号が灯った。

こうして同年一〇月。日産は、内田誠社長兼CEOを中心とする新体制を発足させ、翌年1月の就任を目指すことになった。

「長すぎたゴーン体制」は、そのまま「長すぎた西川体制」でもあったように思う。

令和の大リストラ

ゴーン事件などの一連の流れによって、日産の業績は急降下し、その後もジワジワと下降線を辿り続けている。

その渦中。日産は二〇一九年七月に、業績立て直しに向け、海外の工場を中心にした生産体制の見直しを含む構造改革（リストラ）を行うことを発表した。

その改革には、すでに公表していた4千8百人の人員削減を大幅に積み上げ、二〇二二年度までに1万2千5百人にするということも含まれている。

構造改革の主なポイントは、次のとおりである。

① 二〇二二年度までに世界の14拠点を対象に、全従業員の1割弱に当たる計1万2千5百

人を削減する。

②　具体的には海外拠点（工場）の一部閉鎖、製造ラインの一部縮小を行う。国内工場では一九年度までに福岡県で４５０人、栃木県で４３０人を削減する。

③　不採算車種の生産打ち切りに加え、二二年度までに車のモデル数を一八年度比で１割以上削減する。

④　二二年度までに、全世界の生産能力を７２０万台から６６０万台規模に抑制する。

日産はいま、カルロス・ゴーン主導で進めてきた台数拡大の路線を見直し、利益重視の体質に転換しようとしている。

また皮肉なことに、ゴーン自身が二〇年前に断行した2万1千人の削減計画を含む〝日産リバイバルプラン〟（既述）に似ている。

また今回のゴーン事件を教訓にして、社内に統治改革のための指名、報酬、監査の各委員会を設け、監督機能を強化することにも乗り出している。

もし日産の業績回復がもたつけば、同社との経営統合を虎視眈々と狙うルノーに付け入るスキを与えかねないと思われるからである。

つまり日産の令和の大リストラは、株式の40％以上を握り、同社との経営統合を目指すルノーに対し、収益力を回復させることによって発言力を強めようという狙いがあるのである。

「がんばれ!日産」

私は、一九九〇年代危機のときと同じように、〝技術の日産〟を心から応援している。

そして時々、思うことがある。あのときフィールズのサインを求めてきたゴーンの秘書は、今ごろ、どこで何をしているのだろうか。

第4章

自動運転技術の限界点

一年前のこと。私は「ベンツＣＬＡ１８０シューティングブレーク」という長い名前のクルマを買った。

予備知識はほとんど持たず…だった。いま、その流線型のボディラインと濃紺の色が気に入っている。

そのとき「シューティングブレーク」という、広告キャッチコピーみたいな名前の由来は知らなかった。英国発祥の狩猟用カーゴスペースを備えたタイプのことを指すらしいが、日本ではほとんど見られない「クーペスタイルのステーションワゴン」である。

さらに名前の一部に印された「１８０」というのは、ネーミングの一部であり、エンジン容量の「１８００ＣＣ」を指すのではないという。もちろんその事実は、誤解のないよう契約の前に知らされた。

エンジンは「１５００ＣＣ」。ベンツではＡクラスとＣクラスの中間に位置するスポーティなコンパクトカーである。

その購入のいきさつについては、実は、どうでもよい。ここで書きたかったのは、クルマが納入されてから、さまざまな驚きに遭遇したことである。

まず長年親しんできた、前進か後進かなどを決めるシフトレバーがない。クルマを駐車する際のサイドブレーキもない。

これらはみな、ハンドルの右奥にある長さ18センチくらいのミニレバーによって、指一本で操作するようになっている。

もちろん走り方の好みによって、さまざまな走行モードが指操作で設定できるようになっている。しかし正直な話、集中力の衰えた高齢者には、これらをタイムリーに呼び出す操作方法をマスターする気持ちの余裕がない。

しばらくしてから、ようやく高速道路で先行車の後ろを一定速度で走行するアダプティブ・クルーズコントロール（ACC）、それに、このクルマ特有のナビの使い方をマスターした。しかし、いまだにハイテク装備の15％くらいを使いこなせていない。

はっきり言って、高齢者にとって、その15％くらいの技術は無用の長物なのである。つまり安全のためだけで言えば、できれば、ない方がいい。

ここでドライバーの大切な感覚について書いておきたい。自分が選んで買った商品、特に機械ものの商品というのは、それをフルに使いこなせないと、小さなフラストレーションが溜まる。

もちろんそれは、これらを造る側の責任ではない。これらを選ぶ側（ユーザー）の責任である。造る側として、メカ音痴の多い高齢者専用のクルマに造り分けることなど、できるはずがないではないか。

ここでベンツの名誉のために書いておく。「ベンツCLA180」は、多くのファンに愛された人気車のひとつである。

平たく言えば、それらを100%使いこなせない、一部の高齢ドライバーのニーズを超えた優秀なクルマなのである。

このところ次々と、これら先進技術を搭載したクルマが世に出はじめた。どこまで行くのか、自動車のハイテク技術。

これからの章では、いま特に開発が急がれている新しい技術の可能性（第4章）、脱・化石燃料をベースにした次世代カーのそれぞれの立ち位置（第5章）について考えてみたい。

MADE

第2章で書いた〝MADE〟の話である。

繰り返すが、〝MADE〟というのは、「Mobility」（配車システムやカーシェア）「Autonomous」（自動運転）、「Digitalized」（デジタル化）、「Electrized」（電動シフト）のことを指す。これらはいま世界の自動車会社が、技術開発を急ぐべき4つの分野のことを示している。

ところが最近では〝MADE〟よりも、同じような状況のことを指す〝CASE〟という言葉を使う人が増えてきた。

〝CASE〟というのは「Connected」（接続性）、「Autonomous」（自動運転）、「Sharing」（共有）、「Electric」（電動化）の頭文字をとったものである。

ただ、ここでは〝MADE〟という言い方をベースにして話を進めたい。

「Mobility」というのは、自動運転車を前提にしたコンパクトシティ（ネットワーク化）の実現やドライバー不足解消のための運送システムの導入などが主なターゲットになる。

さらに現行システムでのカーシェアリングの分野も含まれる。これについては、東京、大阪などの大都会で、すでに日常的に運営（営業）されている。最近では、広島でも大手のタイムズ24に続き、オリックス自動車が営業を開始した。

つまり、どういう方式で走る自動車であっても、社会ニーズさえあれば、時も場所も選ばずに、比較的、導入が可能なシステムだといえる。もっと言えば、これらは自動車を活用してビジネスを行う側の話である。

次に、私が最近その操作方法を習得した「ベンツCLA180」のアダプティブ・クルーズコントロール（ACC）というのは、「Autonomous」のなかのレベル1（後述）に相当する技術である。

自動運転の技術というのは、すでにその一部が導入され、それをどこまで進化させるのかというステージに入っている。

また「Digitalized」については、自動車という商品に限らず、広くIT機器全般で採用されている。つまり、これから特に自動車分野で取り立てて開発を急ぐというような状況にはない。

一方、「Electrized」の本命である電気自動車については、ヨーロッパ諸国、アメリカの一部、中国などで二〇三〇年頃から順次導入が義務づけられる可能性があり、実用化までに長い時間を要する自動車の場合は、開発への着手が喫緊の課題といえよう。

そうなると、これから自動車の未来の課題としてフォーカスされるのは、「Autonomous」と「Electrized」ということになる。

これらを平たく書けば、次の2つに要約される。
（1）自動車の自動運転技術は、どこまで進むのだろうか。またそうなると、社会はどのような形（インフラや法整備）になっていくのか。
（2）世界の自動車は、本当に電気自動車にシフトしていくのだろうか。この場合、そこに至るまでのプロセス、時間、インフラ課題などはどうなるのか。

実のところ〝ＭＡＤＥ〟というのは、すべてが繋がっている問題である。しかしこれらを同時進行で書いていくと、話はクモの巣のように広がってしまい、まとまりがつかなくなる。

従って、本書では（１）と（２）を中心に書き進めていくことにする。

６つの段階

このところ自動運転車に関するニュースや話題が、メディアを賑やかせている。

その際、多くの人が驚いたのは、米国で「二五年以内に人間の運転は禁止される」といったような暴論に近い記事が、真面目に書かれたことだった。

オー、ノー。もし本当にそういうことになれば、人間というのはバラ色の未来どころか、終末期を迎えることになる。

これらの発信源は、ウーバー、グーグルなどのアメリカＩＴ企業（シリコンバレー組）が中心になったものであり、いわゆる二〇世紀型のフォード、ＧＭといった自動車会社（デトロイト組）ではない。

早い話、これまで自動車というのは「自ら動かす車」（Auto-Vehicle）だった。もちろんその主体は、自動車を操るドライバーの方にある。

しかし、いま話題になっている完全に自動化されたクルマというのは、簡単に言えば「自ら動くクルマ」（Autonomous- Vehicle）である。その場合、主体はクルマを動かすシステムの方にある。

ただ、一口に自動運転のクルマと言っても、そのステージは、まだバラバラの状態にある。そこで、完全自動化に至るまでの段階をレベル０～５に分類したのが、アメリカ運輸省の一部局である「ＮＨＴＳＡ（道路交通安全全局）」だった。

他に、この種の分類が存在しないため、現在、日本政府もこれに従っている。それぞれのステージについては、図表②をご参照いただきたいと思う。

特にレベル５のクルマというのは「すべてのことを無条件にシステムが行うので、ドライバーはいらない」ということになる。

もちろんレベル４までは、一個の人間として、どこまで技術進歩が可能なのか、見てみたい気持ちはある。しかしレベル５は、いまの常識から考えると〝ありえない話〟なのではないか。

さらに言えば、私はこれらの考え方のウラに、どこか人間を否定した、許されざる野望みた

図表②＜自動運転に向かう６段階＞

レベル段階	ステージ	概要
レベル０	自動運転化なし	人がすべての操作を行う
レベル１	運転支援	ハンドル、アクセル・ブレーキのいずれかをシステムが操作する
レベル２	部分運転自動化	ハンドル、アクセル・ブレーキの両方をシステムが操作する
レベル３	条件付き運転自動化	一定の条件下でシステムがすべてを操作し、求められれば人が対応する
レベル４	高度運転自動化	一定の条件下ですべてをシステムが操作し、人の対応は必要なし
レベル５	完全運転自動化	無条件にシステムがすべてを操作し、人の対応は必要なし

アメリカ運輸省道路交通安全局（ＮＨＴＳＡ）

いなものを感じている。

そのことのために、どこか釈然としない、怒りのようなものを感じるのである。つまり人間、何を考えようと自由だが、そこまでは…ということである。

これをアメリカ政府機関である運輸省「ＮＨＴＳＡ」が推進していることについても、小さな違和感がある。つまり、国家を司る政府が、果たしてこのような軽い〝ノリ〟でよいのだろうか。

それは、かつて「４００万台クラブ」などという妄想のなかで、世界中を混乱させた、一部の頭の良いアメリカ人たちの次なる野望なのではないか。

二つの機器

人間には、守るべき〝道〟というものがある。いくら技術が進歩したとしても、人間として〝やってはいけないこと〟がある。

読者は、アメリカが開発した「殺人ロボット兵器」というのをご存知だろうか？

人工知能（ＡＩ）を内蔵し、人間の意思を介さずに、敵を自動的に殺傷する兵器のことを指す。

これがいかに非人道的であるかは、誰でも感じるところであろう。なぜ背筋が寒くなるような空恐ろしさを感じるのか。それは、人間として守るべき最低限のルールを逸脱しているからである。

例えば、日本の戦国時代。戦場にも美しいルールがあった。

「出会え！我こそは〇〇生まれ、××藩の…」

兵士たちは戦場でも、自分の出所や名前を明らかにして堂々と戦っていた。そこには、男たちの戦いの美学があった。

翻って、殺人ロボット兵器に、オートマチックに殺傷される兵士の身になって考えてみよう。この悔しさ、空しさは想像を絶する。

正しいとか正しくないとかの問題の前に、その行為自体が卑怯千万なのである。人間として、絶対に許せない。

人間の意思が介在しない殺人ロボット兵器というのは、一部の無慈悲な人間の象徴なのではないか。

ただ完全自動運転車と殺人ロボット兵器とでは、目的が全く異なるではないかという見方をする人がいる。

しかしよく考えてみよう。結果として、これらによって死ぬ人が出るかもしれない。そのことについては共通である。

それが正当な殺傷であるのか、過失の殺傷であるのか、そのことが問題なのではない。

人間はまちがいなく、ミスを犯す動物である。それを予見できるはずの人間のミスによって起きた事故（死傷）は、結果は同じであっても、重みが全く違うのである。

もっと言えば、現行システムによる交通事故で死亡したケースと、完全自動運転車によって死亡したケースでは、本質のところが、同じ液体であっても水と油みたいに異なるのである。

超えられない人間の壁

私は倫理学者でもないし、哲学者でもない。従って、その分野からレベル5のクルマについて論評する資格を有さない。

しかし、それでも感じる一種の虚無感、いや腹立たしさのようなものについて、もう少し書いておきたい。

なぜレベル5のクルマを目指してはいけないのか。以下に書くのは、想定される社会リスク（①～④）についてである。

①　都市計画のやり直し

完全な自動運転車が街を走りはじめたとしよう。そうなれば、行く先々でおそらく無人になると思われる、それなりの駐・停車システムが必要になる。

さらに走る道路も、ＡＩ（人工頭脳）が１００％認知できるような状態になっていなければならない。つまり、少しくらい違っていても…などというようなアバウトなものであってはならないのだ。

そうなると、「車体サイズや定員もできる限り統一されたもの」がよい。いたるところで、それらを正確に呼び出す必要があるからである。

さらに通行料金や駐車料金の決済はどうなるのだろうか。また途中でクルマ（ハード）が故障したりすると、周辺社会は大変困ることになる。しかも、そこに責任者がいないということになると、コトはいっそう深刻化する。

つまり完全な自動運転車を導入するということになると、そのことのために社会全体を造り直さないといけないのである。もちろんそういうことは、広域的かつ短期間に、できるはずがない。

さらに必要になるのが、完全自動運転車と、従来型の車両が併存する期間の対策である。人間の感情が見えない自動運転というのは、それを知らないドライバーに少なからぬ恐怖感を与える。そのため完全自動運転車に対し、あおり運転をするようなドライバーも出てくるのではないか。挙句の果てに、自滅事故などということになると、もう目も当てられない。

また当然のことながら、道路には歩く人もいるし、ジョギングする人もいる。そのみんなが交通ルールを守ってくれるとは限らない。もちろん忙しい主婦たちも、通学の学生たちもせっせと自転車をこいでいる。

つまり、完全自動運転車を導入するためには、短期間で、地球上の70億人の徹底した再教育が必要なのである。

クルマ社会のために、みんなが善意で動いてくれるという世の中は、人間が人間である以上、一〇〇年経ってもやってこないのではないか。

② 地図情報のメンテナンス

完全自動運転車をスムーズに走らせるために、絶対的な拠り所になるのは、正確かつ可動的な地図情報である。

目的地へ行ってみると、別のところだったというのでは話にならない。

完全自動運転車の基本システムというのは、高精度の衛星情報と地図を照合させながら、AI（人工頭脳）で道路上を走行させることである。

その衛星情報というのは、地球を覆うプレートの動きによって少しずつ変形している。

二〇一九年の日本の国土地理院の「基本図」によると、一九九七年〜二〇一八年の比較で、図表③のような移動が見られた。

つまり過去の一定期間（二二年間）で、地域によっては最大で約2メートルも南東又は東方向へ移動していたのである。

これらの地域のなかには、実際に周期的に発生した地震などによって、目視できる状態に

図表③<主な都市の移動距離と方向>

都市名	距離	方向
与那国市	約 2.0 m	南東
那覇市	約 1.0 m	南東
仙台市	約 1.0 m	東
新潟市	約 0.7 m	東
札幌市	約 0.6 m	南東
福岡市	約 0.5 m	東
東京都	約 0.3 m	東
名古屋市	約 0.3 m	南東
大阪市	約 0.3 m	南東

（国土地理院の資料をもとに作成）

なっているところもある。

もしこれらの地図情報のメンテナンスが放置されていたりすると、完全自動運転車が道路を外れたり、ドローンが荷物を隣家に届けたりするトラブルも発生する。

恐ろしいのは、地図情報で、そこに橋があると思って高速で突っ込んだものの、実際には橋がなかったというようなケースである。

現在の気象状況からして、地震や水害によって、短時間のうちに橋がなくなるというケースは十分に考えられる。そうなると、大惨事になる可能性がある。

もちろん正常なドライバーなら、好んで、なくなった橋に突っ込むような人はいない。

言うまでもないことだが、生身のドライバーというのは、運転することにおいては、けた外れに優れた存在なのである。

さらに恐ろしい話がある。決してあってほしくない話だが、いまの世界情勢では、どこでどんな戦争やテロが起こっても不思議ではない。

完全自動運転車というのは、世界中が平和であることが大前提になっている。どこかの国からミサイルが飛んでくるような状況下では、安定的に機能しにくい。

また近年では、米中間、米ソ間で宇宙戦争なるものが仕掛けられている可能性も否定できない。もし衛星が意図的に破壊されたとしたら…。こう考えると、夜も眠れない。

つまり、レベル5のシステムでは、人間が関与しないパートが多いために、無差別テロの標的になったり、宇宙戦争のあおりを受けたり…という可能性が否定できないのである。

③ AIの弱み

自動運転車におけるAIというのは、人間の認識や判断とは異なるロジックで動く。

つまり視覚情報や蓄積された経験、常識のようなもので直観的に判断するドライバーとは、思考プロセス(回路)が異なるのである。

例えば、高速道路で緊急工事がはじまったとしよう。人間ドライバーなら、周りの状況を見ながら、瞬時に判断することができる。

ところがAIは、そこで何が起きているのか、きちんとしたインプットがない限り、正確な判断はできない。もちろん人間ドライバーなら、窓を開けて、一時的に作業員に声をかけたりすることができる。

つまり、こういったケースでは、AIよりも生身のドライバーの方がはるかに優れており、より正確で効率的な行動ができるのだ。

もちろんAIによる確実性は、ミスの多い人間よりもはるかに高い。しかしその優れている確実性が、大切な局面で、人間の情緒を抑えて、解決のための回路を閉ざしてしまう可能性があるのだ。

このところ将棋や碁の世界で、ロボット（人工頭脳）との対戦が、面白おかしく報道されている。しかし、人命をかけた自動車の運転では、それを将棋の駒のように扱ってはいけないのである。

AIでは、まだ「絶対安全」の領域は確保されていない。

④ 保険など

他にも、解決すべき課題は山ほどある。そのなかの一つが保険である。

仮に自動運転中に事故が起きたとしよう。その場合、まず「事故を起こしたのはシステム

（機械）であって、人間（所有者）の過失ではない」と考えられる。

その場合、日本では仮に自賠責保険で被害者が救済されたとしても、保険の免責分の自己負担には納得がいかないところがある。

また保険の更新の際も、事故歴を理由に保険料が上がるのは、どこかおかしいところがある。

さらに大きな心配ごとがある。そもそも機械というのは故障が付き物である。イザというときに現場に運転責任者がいないということになると、単なる事故が、二重、三重の事故に繋がっていく可能性がある。

そうなると、もはや保険がどうなるのかといったようなレベルの話ではなくなる。

またすでに世界的に定着しつつあるＰＬ保険（生産物賠償責任保険）についても、慎重に見直しが行われなければならない。

この際、もしシステム（機械）の欠陥を証明しようとするのであれば、それなりに長い時間が必要になる。そうなると、被害者救済にも、それなりの時間がかかる。

もし被害者が高齢者であったりすると、その人が生きているうちに解決するかどうかは分からない。

つまり世の中全体が、膨大な時間をかけて、完全自動運転車のために、保険などを含む社会制度を根底から作り直さなければならないのである。

許せる「レベル4」

これらのことを総括すると、レベル5のクルマは人間の思い上がりの産物だといえるのではないか。

しつこく繰り返して申し訳ないが、愚かな人間たちがついにここまで来たのか…といったような感じに近い。

改めて、思い起こしてみよう。人間（ホモ・サピエンス）が文明を築きはじめたのは、機械を使いはじめてからのことだった。

ただこの場合は、あくまで人間の方が機械を操る、ということだった。レベル5のクルマというのは、完全にこれが逆転している。つまり現象面だけを捉えてみると、機械の方が人間を操っている。

ここで改めて、アメリカ交通安全局「NHTSA」が作成した工程表の不条理さについて書いておきたい。

私には、「レベル…」という考え方が、どうしても腑に落ちない。

なぜかと言うと、一三〇年を超える自動車の歴史は、新しい技術の積み重ねの歴史（流れ）だったからである。

その根底にあったのは、その時代に生きていた人々の生活を豊かにしたいという切なる願いだった。言ってみれば、その切れ目ない〝一歩ずつ〟の積み重ねが、今日の社会を作ってきたのである。

そのことが「レベル…」などという形で、予め、いとも簡単に一括りで語られることについて違和感を禁じ得ないのである。

ここはレベルが何であっても、人々の生活に役立つことが大切なのではないか。もちろん、そのことによって人々が苦しい目に遭うようなことがあってはならない。

もう一つ。これらの計画に、アメリカのＩＴ企業の好ましくない思惑（金儲け）が見え隠れしているのではないか…という点である。

彼らは、スマートフォンや端末タブレットといった家電デバイスに近いような感覚で自動車の開発を進めている。

つまり、それがパソコンやスマートフォンなどの通信機器の分野ならよく分かる。しかし自動運転車には、直接、人の命がかかっているのだ。

彼らが競合するＩＴ他社に打ち勝って、お金儲けをしたいという一心で、人の命を軽々しくビジネスのネタにしているのなら、やはり非人道的と言わざるを得ない。

ご存知だろうか。現に、これら自動運転車の走行実験で、すでに尊い人命が失われている。

二〇一八年三月一八日。アリゾナ州テンペで完全自動運転で走行中のテスト車両が、自転車を押していた女性と衝突。公表されている限り、これが完全自動運転車が引き起こした世界初の死亡事故である。

事故の詳細については、ほとんど公開されていない。ただ一つ言えることは、それがことさら困難な走行実験ではなく、フツーの走行だったということである。

二〇一九年六月一日。日本でも、営業中の自動運転車両に重大な事故が起きた。

横浜市を走る新交通システム「金沢シーサイドライン」の新杉田駅で、無人運転の車両が25メートル逆走して車止めに衝突した。そして骨折した3人を含め、計15人が病院に搬送された。

乗客だった50代の女性は、こう語っている。

「〝ドーン〟というものすごい衝撃を体に受け、座席の背もたれに体が打ち付けられました。車内には泣き叫ぶ子どもや、頭から血を流し倒れる男性もいて、〝早く外に出せ〟と叫ぶ人もいました」

この場合、もし運転手がいたら、衝突寸前にブレーキをかけていたはずである。しかし機械の場合は、そうはいかない。人間の感覚とは違うため、たとえ低速だったとしても、衝撃は想定よりも大きくなる。

この事故では、長らく原因が分からず、しばらくの間、運転手が乗車して運行することになった。

このケースは、まだ難易度のあまり高くない軌道系の自動運転車両だった。

しかし、もし世界中の公道で、レベル5の自動運転車が走りはじめたとしたら、当初、どんなトラブルが発生するのだろうか。考えただけでもゾッとする。


ただ、誤解のないように付け加えておく。

私は、基本的に、自動運転車の導入に反対ではない。もしどうしても「レベル…」という言い方をしなければならないのなら、レベル4で止めておいてほしいと言っているだけである。

やっぱり運転手のいない車両は、根底のところで、どこか信用できない。

これは、どんなにキャッシュレスのシステムが進化したとしても、「やはり現金システムには勝てない」という感覚に似ている。

この現金システムに勝てないという感覚は、キャッシュレスのシステムを開発した多くのエンジニアたちの共通の思いだったという。彼らにとって、現金は永遠に超えられないライバルなのである。

ただ、自動車の技術進歩くらい楽しくワクワクするものはない。

しかしそれは、人間（ホモ・サピエンス）が、自由かつ主体的に操れるものでなければ意味がない。

自動運転車の必要性

最近、ＴＶ番組でよく見かけるシーンがある。

それは無人耕運機で田んぼを耕したり、ドローンで種まきや水撒きをしたりするシーンである。これらは、人手不足の農業分野では本当に助かる。

また高齢化が進んでいる山間地域では、各地で自動運転車を使った移送サービスの実証実験などが行われている。

これらの地域では、通院や買い物などで、大変便利なシステムである。

つまりいまの社会は、限定された地域で、切実に自動運転車を求めている。このことのために自動車各社が、先進技術やシステムを提供し、地域社会に貢献していくというのは大切な責務の一つである。

またこういう動きは、すでに日本の一部の企業で具体化している。

二〇一八年。トヨタとソフトバンクは、自動運転技術を搭載した次世代カーの共同開発に乗り出した。

この提携項目のなかには、次の3つが含まれている。

① 公共交通機関のない過疎地で、移動に困る「交通弱者」問題を解消し、地域活性化に貢献する。

② 自治体と連携し、地方で利用者の需要を把握し、配車バスや通勤用シャトルバスを展開する。

③ 移動中に診察できる病院送迎車や移動型オフィスを提供する。

実のところ、レベル4の開発ターゲットというのは、この領域に多く存在している。

日本ではトヨタだけでなく、ホンダも米GMなどと提携し、無人タクシー事業の世界展開を計画している。

一方、本家のアメリカ勢も大手ＩＴグループAlphabet傘下のウェイモが、ルノー、日産、三菱グループと提携し、この分野での勢力拡大を図っている。

さらにウェイモは、ジャガー・ランドローバー、フィアット・クライスラーなどとも提携している。

考えてみると、自動車の持つ多様性は、むしろ社会の困難なところでその力を発揮する。それらは、決して一部のアメリカＩＴ企業が唱えるような〝夢の生活〟レベルの話ではない。むしろ交通弱者の救済モデルなのである。

近年、日本のドライバーの高齢化は、深刻な社会問題としてクローズアップされている。そのため日本の自動車各社は、自動ブレーキやブレーキ／アクセル踏み間違い防止装置などの開発を喫緊の課題としている。

これまで書いてきたように、「Autonomous」（自動運転車）の進化プロセスが「レベル…」というような枠組みを超えて、真に人間生活に役立つ技術開発に集中されるとしたら、大変意義のあることだと思う。

ただ一方で、マツダのような小さな自動車会社にとっては、厳しい現実もある。限られた人的資源のなかで、独自にこれらのすべてのシステム開発に乗り出すことができないからである。

この分野では、開発された先行技術を、多くの自動車会社がペイベースでシェアできるシステムが構築されることが望ましい。

そのためには、これまでにない発想による技術提携や、真に意味ある合従連衡（グループ化）が必要になってくるのではないか。

二〇一九年。マツダは、そのことを実現するために、トヨタとソフトバンクが出資するモネ・テクノロジーに株式の2％を出資し、いすゞ、スズキ、スバル、ダイハツなどを加えた国内の自動車連合に参画した。

このグループ内で、それぞれ独自に次世代型の移動サービスや自動運転技術の開発を進めていくことになる。

謙虚に、そして大胆に

見識ある読者なら、もう次のようなことに気付いているだろう。

社会というのは、常に現状を維持しようとする圧倒的な力が働いている。その社会の形を変えるためには、並みの努力では叶わない。そして、少なくとも二〇～三〇年の時間がかかる。

もしそれが、社会インフラを根底から変えなければならないような革命的かつグローバルな変革だとしたら、ひょっとしたら一〇〇年以上の時間がかかるかもしれない。

いまに生きる人たちは、これまで人類が営々と築いてきた社会をムダにしてはいけないのである。

まだその社会のことを知らない子どもたちならいざ知らず、先進国の大人たちの間に、そのことに気付かない人たちがたくさんいるのは、とても残念なことである。

この章の締め括りとして、繰り返し書いておきたい。

ＡＩというのは、本来、弱者救済などの分野で大きな役割を果たす。特に医療分野などでは、多くの人命を救うことになるだろう。

ただ人間は、この貴重な叡智を、節操なく安易に振りかざしてはいけないのである。特に、人の命に関する分野では、ことさら慎重でなければならない。

もっと謙虚に、そして大胆に…。私は、もうこの世にいないと思うが、30年後の自動車社会をこの目で見てみたい。

できれば、天国で創られたＡＩ搭載のＵＦＯに乗って…。

そのときまでに、自分で運転できるよう、ＡＩをもっと勉強しておきたい。

第5章

いまなぜ電気自動車なのか

――次世代カーの構図――

二〇一九年、上海で開かれた国際モーターショー。電気自動車をメインにした国際競争が、いよいよ目に見える形になってきた。

「電気自動車の時代がやってくる」

中国の都市部を走っていると、その実感が沸々と湧いてくる。なぜなら、すでに街中でたくさんの電気自動車が走っているからである。

中国では、二〇一八年に電気自動車が98万6千台も販売された。その多くが、ゆうに100社を超える中国製の電気自動車である。

その一方で、テスラ（米）、BMW、フォルクスワーゲン（独）、日産（日）などの海外からの輸入車も多く混じっている。

もちろん国民からの信頼性（品質）で言えば、まだ輸入車の方が優位に立っている。

その上海モーターショーで、遅れていたトヨタも2車種の試作モデルを発表（出展）し、話題を集めた。

世界市場において、また特に電気自動車が先行している中国市場において、まだ各社の評価は定まっていない。

その状況下で、中国政府は、主として〝待ったなし〟の「大気汚染対策」のために、あるいは「国内産業の育成」のために、率先してEV化の方向へ舵を切った。

図表④<各国・地域の自動車に対する環境規制>

国・地域	規制内容
米カリフォルニア州	2018年以降、メーカーに対し電気自動車などのエコカーの販売義務を課した
中国	18年にメーカーに対し電気自動車などの一定割合の生産を義務付けた
オランダ	25年を目途にガソリン・ディーゼル車の販売を禁止する
ノルウェー	25年を目途にガソリン・ディーゼル車の販売を禁止する
インド	30年までに国内販売車を電気自動車に限定する
フランス	40年までにガソリン・ディーゼル車の販売を終了する
イギリス	40年までにガソリン・ディーゼル車の販売を禁止する

（報道された情報をまとめたもの）

このEV化の流れは、いま世界中に広がりつつある。

各国の法規制

「Electrized」＝電気自動車の開発、販売については、日本各社も早かれ遅かれ、その社内シェアの多寡にかかわらず、避けて通れない道になる。

なぜそういうことになるのか。それは中国だけでなく、すでに複数の国々の法規制で、電気自動車の導入が義務づけられるか、あるいは近い将来、ガソリン・ディーゼル車の販売が禁止されることになるからである。（図表④を参照）

この政策は、主に地球温暖化を招いたと

される炭素社会への猛省から生まれている。つまり自然界の現状から見ると、すでに遅きに失しているのである。

もちろん図表④に含まれていない多くの国々でも、法規制などが検討されている。この点で言えば、日本は先進国のなかで明らかに後れを取っている。

その理由のひとつは、日本特有の日和見主義ではないかと思われるが、本当は、いまこの領域で周囲の様子を伺っているようなヒマはないのだ。

とりあえず、これらを早く安全にクリアするために最も現実的で近道なのが、リーズナブルな価格で電気自動車を開発・販売するということである。

ただ一口に電気自動車といっても、電源や蓄電方法、その駆動方法の組み合わせなどを含めて考えてみると、まだ開発領域はヤマほどある。つまり、その先行きは極めて不透明なのである。

おそらくガソリン自動車のときに各社で競い合ったのと同じくらい、あるいはそれ以上のバリエーションがあるのではないか。

バッテリーを制する会社がＥＶを制する？

電気自動車（以下、ＥＶ）というのは、従来のエンジンに代えて、モーターと制御装置を使って、ガソリンを燃やすのではなく、バッテリーに蓄えた電気で車体を動かす自動車のことを指す。

早い話、長年、われわれが馴れ親しんできたエンジンがない。そうなると、その起源は、遠く馬車や牛車の時代にまで遡ることになる。

いったいどうやって重い車体を動かすのか。その基本的なところだけを簡単に説明しておこう。ＥＶの基本３要素というのは次の３つになる。

①バッテリー（蓄電池）
②モーター（電動機）
③コントローラー（制御装置）

いずれも高度な技術を要する精密機器であるが、なかでも重要なのがバッテリーである。

よく混同されているが、クルマを走行させるためのバッテリーというのは、従来のガソリン車に搭載されているような鉛電池とは、基本的に構造が異なる。

例えば、いまハイブリッド車（後述）に搭載されている駆動用の電池だけで走行した場合、その走行距離は、新車でもわずか5キロくらいだといわれている。

長時間にわたり、持続的に走行しなければならないEVのバッテリーというのは、大量の電気を蓄えておかなければならないのだ。

つまり当初の試作車イメージで言えば、巨大なバッテリーの上に車体が乗っている、といったようなクルマである。もちろん、見かけなどは二の次になる。

しかし、現在、米テスラ社のモデルSやX、日本の日産リーフなどは、かなりスマートなデザインを実現している。

現在、その動力源として実用化されているのは、リチウムイオン電池と呼ばれるタイプのものである。

従来の鉛電池やニッケル水素電池に比べ、大量の電気を蓄えることができ、しかも寿命が従来のものより大きく延びた。しかし、まだ優れたガソリン車に対抗できるほど十分な能力を有しているものではない。

もしEVが、現在のガソリン車と同じくらいの給油（充電）回数と時間で、それと同等またはそれ以上のパフォーマンスを実現できるとしたら、世界のＥＶ化は一気に進むものと思われる。

現在、そのＥＶ開発競争が世界中で激化しているのだ。

まず、その最大の争点が「充電時間が短く、飛躍的に走行距離を延ばすことができる全個体電池の開発」であることを知っておこう。

その流れのなかで、いまＥＶに使われているレアメタル（希少金属）の一種であるコバルトの調達をめぐって競争が激化している。

例えば、世界のコバルト生産の54％を占めるコンゴ（旧ザイール）では、中国が「一帯一路」の戦略を加速させており、その権益を拡大させつつある。

一方、日本勢のトヨタとパナソニックは、共同で、二〇二〇年からＥＶ搭載用電池を生産する新会社を設立した。

この計画には、子会社のダイハツ、ＥＶの共同開発を目指すマツダ、スバルなどが加わる。またトヨタは、この電池をライバルである日産、ホンダ、三菱などにも供給したい考えである。

ちなみにトヨタは二〇二〇年以降、ＥＶの導入を本格化させ、25年にはＥＶと燃料電池車（後述）を合わせて年間１００万台販売する計画を立てている。

次世代カーの種類

ＥＶにもいろいろなタイプがあると書いた。

従って、いま世界の自動車会社が足並みを揃え、大容量の蓄電池を搭載したＥＶに向かうという状況はまだ作られていない。

繰り返すが、ＥＶというのは、自動車自体が電池のようなものであり、そういうクルマが世界中を覆い尽くすという状況は、ちょっと想像しにくい。

もし衝突すると、路上でバッテリー同士の火花が散り、火災が発生するのではないか。また夜間にユーザーがいっせいに家庭用コンセントから充電することになると、電気消費が一時に集中するという問題も発生する。さらに廃車となったバッテリーの処理は、どうなるのだろうか。

すでに多くの人がうっすらと別の認識を持ちはじめているように思われるが、ＥＶは究極のエコカーだとは言い切れないところがある。

なぜなら、たとえ家庭用の電源から充電が可能だったとしても、その電気は火力発電などによって供給される。つまりクルマから二酸化炭素を排出しなくても、別のところでそれを出しているのだ。

私の良き先輩であり、広島国際学院大学・自動車短期大学部の教授でもあった益永茂治（元マツダの電気主査）は、こう語っている。

「一九七〇年代にマスキー法などが全盛だった頃、二五年もすれば石油が枯渇し、EV時代が来ると信じてはじめた開発でしたが、油田は次々に開発され、当時夢見たEVが五〇年経った今ごろになって、現実のものとなりつつあります。この体験から、将来予測におけるバラ色の話には、常に懐疑的になっています」

そうなると、どうしても考えておかなければならないことがある。

それは果たして、もっとスマートな次世代カーはないものだろうか、ということである。

もちろん、その代替え候補はある。それはEVに対抗する、あるいはEVを超えることも考えられる燃料電池車（以下、FCV）である。

この次世代カーは、水素と酸素の化学反応で電気を発生させ、モーターを動かして走るクルマである。つまり燃料は、空気中に存在する水素と酸素。具体的には、ガス化された水素を供給する。

結果としては、ガソリン車の排気管に相当するところから、公害ゼロの水滴がわずかにしたたり落ちるだけである。

マツダは、この分野でも「デミオFC―EV」（一九九七年）、「プレマシーFC―EV」（二〇〇一年）で開発を先行させたが、フォード支配期に、おそらくフォードグループ内の役割分担の変更などによって、その開発が止まってしまった。

その後（二〇一四年）、トヨタが世界ではじめて燃料電池車「MIRAI（ミライ）」を発売して話題になった。

しかし、全国にまだ水素ステーションが少ないこと（約250か所）など、インフラ整備がほとんど進んでおらず、普及には至っていない。

さらにFCVでは、水素ガスの供給問題の他に、電池本体に使われるレアメタルが高価なため、まだコスト面で大きな課題を残している。

また水素ガスを製造する際に、EVと同じように電力を必要とする点もデメリットである。

その一方で、FCVが、人類にとって理想のクルマではないかと述べる学者や専門家たちは多い。

日本政府もFCVの普及には力を入れており、その工程表（原案）まで作成している。ただ現時点、二〇二〇年までに4万台を…という目標は達成されそうにない。

ちなみに書いておく。

EVに比べ、FCVの開発には大規模な予算と工数がかかる。そのうえインフラ整備への働きかけにも相当のエネルギーを要する。つまり1社で独自に進めるのにはムリがあるのだ。そのため現在、FCV開発をめぐっては、大手自動車会社同士の合従連衡がひそかに進められている。

すでに二〇一八年に、トヨタとBMWが共同開発のための提携を結び、二〇一九年には日産、ダイムラー、フォードの3社が共同開発に乗り出すと発表した。

いまから二五年前。別の意味の合従連衡を体験した者からしても、いずれもアッと驚くような組み合わせである。

ともあれ、いま予測できることは、おそらくこれから三〇年後、世界の自動車はEVとFCVで全体の80％以上を占めることになるだろう、ということである。

さらにその後、FCVよりEVの方が優位に進むという確証は、いまのところどこにもない。その優劣は、自然、社会インフラの整備の進行具合との兼ね合いになる。

ハイブリッド車

もちろん未来というのは、一足飛びにはやってこない。そこに至るまでの長い道のりが必要になる。

そこで登場するのが、その道のりを埋める役目を果たしてくれるハイブリッド車（以下、HV）である。

一口にHV（hybrid＝組み合わせ、の意）と言っても、いろいろな組み合わせが考えられる。日本人なら誰でも知っているトヨタの「プリウス」や「アクア」。これと多少メカニズムの違いはあるものの、ホンダの「フィット」や「インサイト」。

これらのHVは、エンジンとモーターが走行状態に応じた組み合わせで稼働し、動力を得るタイプである。私も旅先のレンタカーで何度もこれらに乗ったが、どのHVも燃費が良く、満足できるものだった。

しかし、これらのHVには、走行用の電池の寿命に若干の難点がある。さらに高速走行でガソリンを使うので、環境問題の根本的な解決にはならない。

ちなみに二〇一八年の日本の登録車で一番売れたのは、日産の小型車「ノート e-POWER」だった。このクルマは、ガソリンエンジンによって蓄電池を充電し、モーターがクルマを動かす。そのため運転感覚はEVに近い。

これらのHVはどのタイプであっても、ガソリンのエネルギーを使って蓄電するため、給油口が一つしかない。

その後、家庭用の電源からでも充電できるプラグインハイブリッド車（以下、PHV）が登

図表⑤＜世界の自動車の動力タイプ別 普及見通し＞（参考）

動力タイプ	2020年	2030年	2040年	2050年
電気自動車	2％	15％	25％	40％
燃料電池車	0％	5％	15％	30％
プラグインハイブリッド車	1％	15％	25％	20％
ハブリッド車	5％	15％	10％	5％
ガソリンエンジン車	92％	50％	25％	5％

（米コンサルタント会社予測をベースに本書で数値化したもの）

場してきた。このシステムでは、容量の大きいバッテリーに蓄電が可能なため、ＥＶとほぼ同等の経済性が実現できる。

ＰＨＶというのは、完璧なシステムではないものの、ＨＶとＥＶの〝良いところ取り〟を目指したクルマである。

ＨＶはガソリン車から派生したクルマ。一方のＰＨＶは、ＥＶに至るまでの橋渡しのクルマと言ってもいいかもしれない。

これらの見分け方を書くならば、ＥＶは「充電口」のみ、ＨＶは「給油口」のみ、ＰＨＶは「充電口」と「給油口」の両方が付いているということになる。

競争の構図

図表⑤をご覧いただきたい。

これはアメリカの民間コンサルタント会社（トーマツコンサルティング）が出した未来の自動車の動力タイプ別の世界シェア予測資料から、本書で独自に数値化したものである。

世の中の不確実性からしてあまりアテにならない数値だが、それよりも多少の理解促進のために、全体の流れの傾向を感じ取ってもらえれば幸いである。

また断わっておくが、一口に世界の…と言っても、先進国と発展途上国との間には、相当の時間差がある。またこの図表⑤は、一〇年を単位として捉えているが、モノゴトが一〇年単位で動くようなことはない。

この際なので、ついでに書いておく。

自動車の台数（統計）というのは、3種類のタイプが存在する。それは、①生産②販売③保有という捉え方による数値である。

生産と販売では、せいぜい一〜六か月の時間差で済むが、保有（シェア）ということになると、ゆうに五〜一〇年の時間差が生じる。なぜかというと、自動車という商品は、五〜一〇年間も使用される耐久消費財だからである。

さらに大切な認識は、これら動力タイプ別の次世代カーが、常にガチンコ競争を繰り広げる状況にはないということである。

時代の諸事情によって、時流に乗ったり、遅れたりすることはある。当分の間、それぞれ（タイプ別）のクルマが、それぞれの役割を担っていくことになるだろう。

ただ三〇年という歳月は長い。その間に、図表⑤にない方式のクルマが登場し、世の中を席捲する可能性も否定することはできない。

また図表④（145ページ）で紹介した各国（地域）規制についても、状況によって流動化する可能性は十分にある。

現に、中国政府は、当初定めたＥＶを普及させるための環境規制を修正する検討をはじめている。なぜかというと、米中貿易摩擦の影響を受けて、ＥＶ以外の低燃費車の製造販売を伸ばしていく必要があるからである。

おそらくこれからしばらくの間、各国政府は、それぞれの経済状況や自動車会社の開発状況を見ながら対応していくことになるだろう。

この難しいパズルを解くような状況が、いま「一〇〇年に一度の変革期」とか、「海図なき船出」とか言われる所以になっている。

バラエティ化する自動車社会

いまから三〇年後、社会の風景はどのように変わっているのだろうか。

思うに、ＡＩによる自動運転車が増えたとしても、自動車が四輪（又は三輪）の上に車体を乗せて走るという基本形が変わらない限り、社会の構造（見た目）に劇的な変化は見られないのではないか。

一方で、個人が所有する自動車は、相当にバラエティ化するものと思われる。

例えば、頑固な祖父は、相変わらずガソリン車に乗り、堅実な父は、ＨＶに乗って燃費の良さを自慢する。そして、働き盛りの息子は、最新のＥＶを買って先進性をアピールし、小学生の孫は、ＦＣＶに乗ると言って未来の夢を描く。

そういう時代になるのではないか。

ただ、たとえそうであったとしても、社会は意外に混乱しないと思う。思い付くだけで、大変だと思われるのは、自動車修理工場の工員であろう。それぞれタイプ別のクルマの構造を正確に把握し、十分に訓練しておかないと修理ができないからである。

クルマ同士が衝突する事故についても、話は少しややこしくなる。例えば、自動運転車 vs ＨＶ、ガソリン車 vs ＦＣＶ…、その組み合わせによって、対応（処置）方法が異なる可能性があるからである。

ともあれ三〇年という歳月は長い。変化というのは日々少しずつ進んでいく。そのため、多くの人はその変化に気付かないと思う。

つまり、気付いてみると、いつのまにか、そういう社会になっていたということである。

2つの方向

自動車の進化というのは、AIの導入に見られるように精密化、高度化の方向に向かって進んでいく…、と予測されている。

ところが、こうした動きのなかで、いまそうではない方向に注目が集まっている。

それが、一部の専門家たちから〝EVの本命〟と言われている「LSEV（Low Speed EV）」（低速電動車）である。

LSEVは、基本的に2人乗りである。容量が5kWh程度の交換式電池を使う。最高速度は60km／h以下で、1充電航続距離は50〜100キロ程度。つまり1、2人でゆっくりと走るクルマである。

すでに中国では、このタイプのEVが急増。免許証も車両登録も不要で、一九年には、年間100万台を超える売り上げを記録した。

いま日本でも、運転免許証返納後の高齢者用として、このLSEVの導入計画が進められている。

すでに書いたように、本格的なEVには、まだ解決すべき課題がたくさんある。

しかしＬＳＥＶにおいては、比較的、実用化への道が近い。しかも内外の小さな企業が少ない投資でベンチャー的に参画できる。

この方向は、これまでの流れとは全く意味合いが違っているように見える。

これは、いったん進化を止めて、退化とまでは言わないものの、生活に本当に必要な移動手段を考えてみようという、素直な提案である。

そこには、他社を押しのけて、一歩でも先に進もうとする野心のようなものが見えない。本当に困っている人たちの役に立ちたいと思う気持ちが優先している。

私は、現時点、これがＥＶの本命になるとは思わない。しかし一つの流れとして〝十分にありえる方向〟だと思う。つまり一定の需要に支えられ、着実に売り上げを伸ばしていくのではないかと思う。

ロンドンやパリの街中。日本の田んぼ道。いずれもこのような超ミニカーがよく似合う。またインドや東南アジア諸国でも、生活カーとして役立つ可能性が十分にある。

一方で、先進国の都市部などで開発が進んでいるＭａａＳ（Mobility as a Service）に活用することも可能になってくる。

もしそうなると、当面、２車線以上の道路では、ＬＳＥＶ専用レーンが必要になってくるのではないか。

社会のバラエティを考えてみたとき、それがフツーの光景になる時代は、意外に近いのかもしれない。

この章の最後に、こうしたLSEVの動きとは真逆の話も書いておきたい。

そもそも自動車という商品の特性（魅力）は、人やモノの移動だけではなかった。その間に味わえる〝走る喜び〟を追求する人たちがいることを忘れてはいけない。

そのことは、この話が、必ずしも自動車会社同士の競争だけに留まらないということにも繋がっている。

それは同時に「お客さんニーズ」vs「社会正義」の戦いでもあるのだ。

おそらく環境にやさしいクルマと、時々にお客さんが欲するクルマが完全に一致する時代は、人間に走る欲求やスポーツ心がある限り、いつまで経ってもやってこないのではないか。

一三〇年を超える自動車の歴史は、熱烈な〝ガソリン車ファン〟を無数に作り出してきた。

例えば、かつて倒産の危機に陥ったハーレーダビッドソンを救ったのは、アメリカの古き良き時代を偲ぶ、ひと握りの熱烈なオートバイファンたちだった。

特に、情緒的な価値を有する自動車という商品には、理屈だけでは割り切れないところがある。人々は、目に見えない何かに対して、高いお金を支払っているのである。

私もその一人かもしれないが、機械を操る感覚が漂うガソリン車の加速感には、何物にも代えがたい魔力のようなものがある。

オーバーに言えば、「生きていて良かった…」といったような感覚に近い。

私はマツダ時代に、マツダ車（主にロードスター）を使ってモーターレースに参戦するユーザーたちをサポートする組織の責任者を務めていた。

その愛好者たちを東京都内のホテルに招き、年一回、表彰式を兼ねた親睦会を開催していたのである。

そのときよく耳にした言葉を、いまでも覚えている。

「私たちはこの世にロードスターがある限り、レースに挑戦し続けます」

思うに、もし世の中のクルマがすべてEVになったとしたら、ガソリンで走る遊園地のゴーカートに、愛好者が殺到するのではないか。

哀しいかな、こういう機械の感覚から来る人間の快感や喜びは、経済性（エコ）だとか、社会正義の思いを超越するところがある。

一九年九月七日のことだった。筑波サーキットで行われた第30回ロードスター4時間耐久レースに、トヨタの豊田章男社長がドライバーとして参戦した。

レース終了後、豊田社長の応援に回っていたマツダの丸本明社長はこう語った。

「次の30年、40年に向けて、関係者のみなさんの力添いを得ながら、クルマの魅力、走る喜びを発信していきたい」

こうしてみると、かなりＥＶ化が進んだ段階でも、すぐにガソリン車によるレースがなくなるというようなことは考えにくい。

三〇年後。自動車の種類は、いっそうバラエティ化することになる。

ただ人々がフツーに移動手段などに使うクルマは、概ねＥＶとＦＣＶが主流になるのではないか。

次章では、こういう世界的な大きなうねりに対する、マツダの舵取り（姿勢）について書いてみたい。

第6章

スカイアクティブとマツダイズム

東洋工業へ入社して二年目。私は、マツダオート茨城（当時の名称）へ出向していた。そして自らクルマを販売しながら、地元の販売会社で採用された3人の新人セールスマンを教育するという任に就いていた。

その多忙だったはずの日々、自分でもどうやって書いたのかよく覚えていないが、一冊の小冊子を著した。

確か、わずかな休日を返上し、ときに喫茶店の片隅で、ときにクルマのなかでペンを走らせたのをかすかに覚えている。

その手書き原稿を、水戸市内にあった小さな印刷会社（マツダユーザー）が活字で印刷し、小冊子にしてくれた。そのときの社長の言葉は、いまでも忘れられない。

「印刷代はいらない」

私が苦労して、原稿を書き上げたことを知っていたからだと思う。それでもムリヤリに、給料の一か月分相当（4万円）を支払ったのを覚えている。

小冊子の冒頭に推薦文を書いてくれたのは、私から現金払いでルーチェロータリークーペを買ってくれた茨城大学教授（当時）の仲原弘司・医学博士だった。

その文中には、こう記されている。

「著者は、安全無公害のモータリゼーションのビジョンを展開し、クルマを前提にした都市計画や道路行政の将来に、モートピアを追求している。クルマが国中にあふれ、公害や交通事故など、これからどうなるのか不安な時代に、一縷の光明を投げかける本である」

さらにこの小冊子の話を知った当時のマツダオート茨城の宮辺謙吉社長が、「現代とクルマ」という題名を、達筆の書（写真・左）でしたためてくれた。

私がここで書きたかったのは、若い頃に、よく頑張っていたという話ではない。

実は、その小冊子のなかで書いたことのほとんどが、半世紀を経たいま、現実のものになりつつあるという話である。

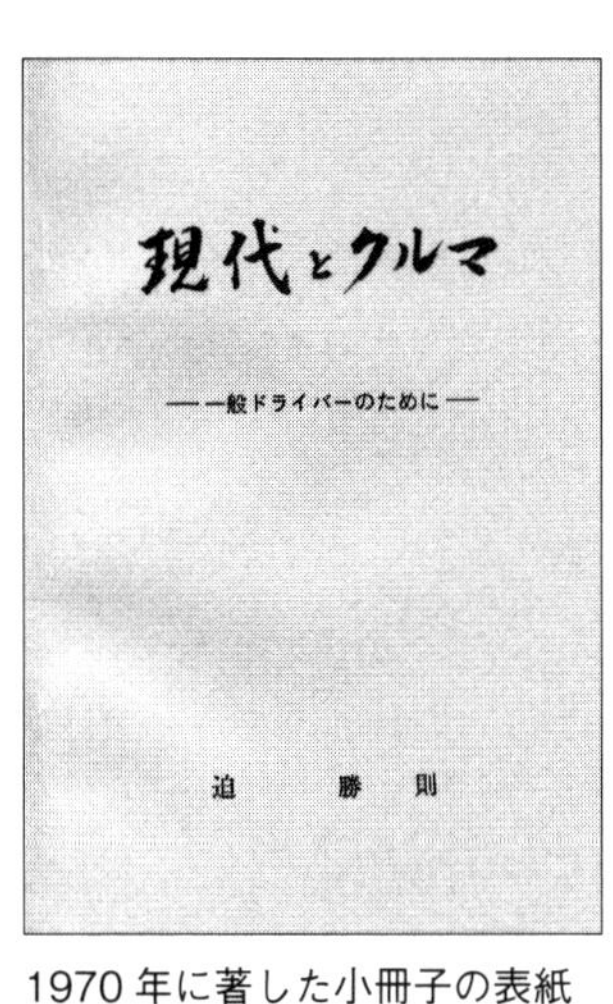

1970年に著した小冊子の表紙

例えば、の話。自ら書いたその小冊子によると…。

「電気自動車は、排気ガスを出さないし、騒音もない。公害面から考えると、これほど理想的なクルマはない。すぐにガソリン車にとって代わるのは難しいが、牛乳配達のクルマなどでは、早く実用化してほしい。電気自動車は、社会環境の変化次第では、次世代のトップバッターになる要素を備えている」

その頃、すでに大阪万博（一九七〇年）の会場でダイハツの電動タクシーが走っていた。さらに電力館では、マツダと共同開発した電気自動車（ファミリアバン）が使われていた。そして実社会でも、イギリスなどで電動ミルクカーが走っていた。

あの頃から、実に半世紀という長い時間が流れる。その頃に素直に感じた〝自動車の在るべき姿〟に向かって、いまようやく世界が歩みはじめた。

直近の半世紀を振り返ってみると、人類は、工場や自動車などが排出する温室効果ガスによって、地球温暖化という深刻な状況を招いてしまった。

そのことは、早くから判っていたのに…である。

そしてそのことが、人々の暮らしや健康、他の生態系や自然現象にまで影響を与えるようになった。

これらのことを長い目で俯瞰してみると、人間というのは、一進も二進もいかなくなるまで、現実を変える勇気を持たない生き物だということになる。

大気汚染

日本で自動車の排気ガスが、人体に悪い影響を及ぼしているのではないかという報告が行われたのは、いまから五〇年前の一九七〇年五月のことだった。

恐ろしいことに、それまでは自動車の排気ガスについて、どこのどの部署もケアしていなかったのである。

同年。民間の医療団体が、新宿区牛込柳町（東京都）の交差点付近に住む人たちの健康調査を行ったところ、多くの人が鉛中毒にり患している疑いがあることが分かった。

日本政府は、この報告を契機として、ガソリンの無鉛化政策を打ち出すことになる。

そしてその後、新たに環境省が設置された。このとき成立した大気汚染防止法では、自動車だけでなく、工場や事業所から排出される煙などに含まれる鉛の許容範囲が数値的に設定された。

もちろん問題だったのは、排出される鉛だけではなかった。大気中に排出される二酸化炭素（CO^2）などが温室効果ガスとなり、世界の気象環境までも変えつつあることが報告された。

これを抑制しようという機運は、世界的なムーブメントになり、各国（地球全体）で協力して二酸化炭素の総量を規制しようという流れになった。

現在、環境省が推進している「２０５０日本低炭素社会シナリオ」によると、いまから三〇年後の二〇五〇年までに、現在排出している二酸化炭素の排出量を80％削減するという目標が立てられている。

さらに日本政府は、二〇一九年にまとめた長期戦略のなかで「今世紀後半のなるべく早い時期に、二酸化炭素など温室効果ガスの排出量をゼロにする」と表明している。

海外も含め、社会全体にこういう機運が生まれてきたのは、一九七〇年代初めのことだった。こうしてみると、人類はたったこれだけの計画を作るために、五〇年近くの時間を要したことになる。

その間、それぞれの国の事情によって、独自の排気ガス基準が設けられた。アメリカでは、これが州によって異なった。

当然のことながら、自動車を輸出する際には、それぞれの国や州の基準に適合したものでなければならない。

先行しすぎたマツダの独自技術

その一九七〇年代初め。東洋工業の対応は素早かった。

一九七三年五月。排気ガス対策を施したルーチェＡＰ（Anti-Pollution）が、政府の低公害車優遇税制適用第一号車に認定された。

このクルマは、排気ガスが車外に出る前に、サーマルリアクターという機器を使ってガスを基準値以下にしようという原始的なシステムを採用したものだった。

同年六月。ロータリーエンジン車が、生産累計50万台を達成した。その頃は、誰しも「マツダの時代」を予感した。

しかし同年一〇月。第四次中東戦争勃発のあとの世界的なオイルショックによって、マツダの計画は、総崩れの一途をたどることになった。

そしてマツダの第一次経営危機がやってきた。

すでに第1章で書いたが、このとき社内の隅々を埋め尽くした在庫車の大半は、黒塗りのルーチェＡＰだった。

なぜ黒塗りだったのか。それは、当時、東洋工業は「環境に優しいクルマとして、まず全国の官公庁がＡＰ車を採用してくれるだろう」と読んだからである。もちろん当時の官公庁のクルマは、黒一色だった。

しかし社会の不景気のあおりを受け、官公庁からの受注は、伸び悩んだ。そして社内に在庫の山…という流れになった。

その後、数々の施策が打たれ、会社は立ち直ったものの、そのときトラウマになったのが、世に先駆けて早々と動くことのリスクだった。

この教訓は、のちに大学で教鞭を執ることになった私の「マーケティング論」の主テーマの一つにもなった。

そのとき私が考え出したのが〝マーケティングリーダーを取り込む〟というやり方だった。ちなみに日本の自動車業界で言えば、現在のマーケティングリーダーは、トヨタ、日産、そしてホンダということになる。

この3社以外が、マーケティングリーダーのやっていないやり方を導入したとしても、それを社会で定着させるのは大変難しい。

なぜなら、母体となる数量が不足しているからである。そのため、なかなか社会全体を動かす力にならないのである。

もちろん、それが本当に、社会を根底からくつがえすような革命的なものだったら、話は別である。

その論法で語るならば、ロータリーエンジンにも小さなムリがあった。そしてそのやり方に、少々強引なところがあった。マツダは、ロータリーエンジンを自社独自のものにするのではなく、希望する各社に供給すべきだった。

その具体例を書いておく。マツダは、かつてトヨタからクラウンにロータリーエンジンを搭載したいという打診を受けたことがある。そのアッと驚く計画は、当時、新聞（全国紙）一面のトップ記事で報じられた。

そのときマツダは「エンジン単価に開発費の一部を上乗せする」という交渉が受け入れられず、断念することになった。

歴史的に考えてみると、あのときロータリーエンジンをトヨタ車に搭載していたら、業界図は、いまとは違う形になっていたのではないか。

新しい技術というのは、他社と隔離して優位性を保つのではなく、他社を巻き込んで社会に普及させていくというのが正しいやり方なのである。

ともかくここでは、マツダＡＰ車がトラウマになって、以降、社内で環境問題を語る機会が少なくなっていったことを覚えておいてほしい。

環境シンポジウム

私は水戸から本社（広島）に帰任したあと、宣伝部（国内）に配属になり、その後、海外企画室に異動した。

これから書くのは、一九九〇年代に海外企画室で、マツダ車の販売促進（全域）を担当していたときの話である。

いま振り返って思うに、環境問題に関する我々の教師は、いつもヨーロッパだった。当時、ヨーロッパ販売会社からよく言われた言葉があった。

「(環境問題に関し) マツダは何もしてくれない」

私は、その言葉が殊のほか悔しかった。もちろん、あのトラウマのせいだとはとても言えない。

ならば何か、どでかいことをやってやろうではないか。そのとき思い付いたのが、ヨーロッパにおける「環境シンポジウムの開催」だった。

しかし、当時の社内の空気からして、この計画が経営会議ですんなりと承認される可能性は、限りなく低かった。

いまでもよく覚えているが、東京本社18階会議室。世界中から一流パネリストを招いて環境シンポジウムを開催するという壮大な計画を説明した。

一瞬、会議室がシーンとなった。そしてネガティブな意見がポツリポツリと出はじめた。このビジネスが大変なときに、海外企画室はいったい何を考えているのか。そんな雰囲気だった。

ところが、思ったことは何でも言葉にしてみるものである。その後、山本健一会長(当時)

の一言が、その場の空気を一変させた。

「私は、こういう企画をずっと待っていたんだ」

私たちは、特に山本会長に事前説明をしていたわけではなかった。しかしその日、彼が間違いなく深い見識を持つ数少ない経営者の一人であることが証明された。


かくして、社内に環境問題に関する専門家チームが編成された。そして来るべき環境シンポジウムに向けて「マツダ環境憲章」が制定された。

一九九二年六月のことだった。私たちは、ロンドン中心部にあるクィーン・エリザベスホールで「第一回 環境シンポジウム」を開催した。

米ワールドウォッチ研究所のレスター・ブラウン所長をはじめ、世界の第一人者たち、さらにイギリス環境大臣も参加してくれた。

これには多くの海外メディアが集まり、世界中に、小さな日本の自動車会社が開催したシンポジウムのニュースを配信してくれた。

翌一九九三年一一月。「第二回 環境シンポジウム」をフランクフルト（独）のオペラ座で開催した。

これにはドイツ環境大臣も参加し、嬉しいことに、一部のドイツ自動車会社（2社）も参加してくれた。

ただそのとき一番嬉しかったのは、ヨーロッパのマツダ販売会社の人たちからの言葉だった。

「ありがとう。マツダは本当によくやってくれる」

そういう信頼感は、その後のビジネスの追い風になった。

帝国ホテルでの講演

これらのシンポジウムに関して、もう一つ忘れられない話がある。

一九九三年のある日。国際広告協会の「Media Info（メディア・インフォ）」というところから、私に電話が入った。

東京の帝国ホテルで、海外メディアの広告担当者に対して講演をしてほしいというものだった。

講演テーマは「国際広告での環境問題」。会費は9000円。彼らへの案内状には、こう記してあった。

「マツダは、企業市民として環境問題についてロンドン、フランクフルトなど各地で環境シンポジウムを開催しました。そして地方自治体や自動車工業会をはじめ、競合企業の参加も得て、大きな反響を呼びました。しかもそれを、広告などを通して、広く一般に活動の実施を告知しました。このシンポジウムが企画された背景、告知、結果などを中心にお話して頂きます」

受講者は約120人。タイム、ニューズ・ウイーク、フォーチュン、フォーブス、ヘラルド・トリビューン、ファイナンシャルタイムズ等など…。世界の主要メディアの広告担当者と内外の広告会社の人たちが集まった。

いまでも、その内容を録音したテープが残っている。それは私にとって、忘れられない思い出である。

それはなぜかというと、話の内容もさることながら、後にも先にも、帝国ホテルで講演させてもらったのは、このときだけだったからである。

ここで大切なことを書いておきたい。

私がこれらのシンポジジウム企画に執念を燃やしたのは、本当は、ヨーロッパ販売会社の…というようなレベルの話ではなかった。

講演のなかでも語らせてもらったが、企業にとって、社会で起きていることに対し、それを正面から捉え、堂々と意見を述べることくらい大切なことはない。

できればマツダには、これからも企業規模の大小にかかわらず、環境問題の領域で世界のトップランナーであり続けてほしいと願う。

なぜ易々とそう願うのかというと、知的インテリジェンスというのは、物量の世界とは違って、人間の知恵や度量によって人々を引っ張っていく力があると思うからである。

意見を述べない企業というのは、本当の意味で信頼を得ることはできない。

ともかくあの環境シンポジウムを境にして、再び、社内で当たり前のようにして自動車会社の社会的責任について語れるようになった。

水素ロータリー車

マツダが社運をかけて実用化したロータリーエンジンは、援軍を得ないまま〝ガソリンを喰う〟という悪評によって、一時、社内の主役の座を降りた。

しかし再び、脚光を浴びる日がやってくる。それは、時代の要請で研究開発が進んでいた水素ロータリー車への可能性を探る道だった。

「ロータリーエンジンは水素との相性が良い」

1991年。マツダは、燃料をガソリンから水素に換えて、水素ガスを噴射し、燃焼させて動力を得る水素自動車「HR-X」の走行実験に成功した。

この水素ロータリー車では、窒素酸化物（NOx）の処理は必要となるものの、問題になっている二酸化炭素（CO_2）の排出は、完全にゼロに抑えることができた。

その後、水素ロータリーエンジンは、当時、市販されていた「RX-8」に搭載され、運輸大臣認定を取得し、公道走行ができるようになった。

そして二〇〇六年に国内でのリース販売を開始し、一部の官公庁で採用された。

この一連の研究開発は、環境問題の先進国であるノルウェーでも高く評価され、二〇〇七年には同国の国家プロジェクト「Hy—Nor」に参画することになり、その後、30台の「RX-8ハイドロジェンRE」が納入された。

ただ日本では、どうしてもマツダだけでは解決できない問題があった。それはもうお気付きだと思うが、あの問題である。

水素ロータリー車の普及を目指す上で、最大のネックになったのは、水素ガスを「製造」「運搬」「貯蔵」「販売」するインフラ施設の不備だった。

当時、再び〝夢のエンジン〟として脚光を浴びはじめたものの、この計画はそれ以上、前に進むことはなかった。

やはり業界のマーケティングリーダーが動かない限り、世の中のインフラ整備は前に進まないのである。

その後、マツダで唯一残っていたロータリーエンジン搭載車「ＲＸ-８」（市販車）も、多くのファンに惜しまれながら、ついに二〇一二年に生産が打ち切られた。

しかし、この物語は、ここで完全に終わったわけではない。

そもそもマツダは、一九九七年に燃料電池車「デミオＦＣ-ＥＶ」の開発に成功し、二〇〇一年には、日本ではじめて燃料電池車「プレマシーＦＣ-ＥＶ」の公道実験走行を開始した会社である。

最強のマーケティングリーダーであるトヨタが、その後、同じように水素を燃料にして走る燃料電池車（ＦＣＶ）の開発・普及に力を入れはじめた。

この際に、ロータリーエンジンは、駆動力としてではなく、「レンジエクステンダーＥＶ」の発電用として適しているのだ。

これはバッテリーのみで駆動する一般的なＥＶとは違って、バッテリーが一定程度減ると、ロータリーエンジンで発電して航続距離を伸ばすという新しいやり方（レンジエクステンダー）である。

トヨタは、すでに有力な選択肢の一つとして、中距離向けプラグインハイブリッド車（ＰＨＶ）に発電用のロータリーエンジン（マツダ製）を搭載する計画を進めている。

マツダという会社は、少なくとも一九九七年にフォード支配がはじまる前までは〝良かれと思ったこと〟はすぐに実行に移すＤＮＡを持っていた。

しかしフォード支配の色が濃くなるにつれ、これらを押し進める研究開発費は、大胆に削られていった。

それでもマツダはしぶとい。当時、私も驚かされたが、二〇一五年東京モーターショーで、マツダはロータリーエンジン搭載のコンセプトカー「ＲＸ‐ＶＩＳＩＯＮ」を発表した。

このコンセプトカーが意味するところは、もし再び機が熟すならば、ロータリーハウジング内に直接水素ガスを噴射する、当初タイプの水素ロータリー車を復活させるということだったと思う。

マツダという会社には、伝統的に「諦める」という風潮がない。

そのためマツダが、社運をかけて実用化したロータリーエンジンは、いまだに死んでいないのである。

言葉を代えれば、いつでも息を吹き返せるよう、まるで草の根運動のように、細々と地道な努力を続けているのである。

マツダの論調

ここから時計の針を一気に前に進めたい。

私は、マツダを辞めたいまでも、会社の首脳たちの言動に注目している。なぜなら、特にフォード支配期を脱したあと、それらがそのままマツダの意思となり、具体的な行動に繋がっていくからである。

世界の自動車会社のなかで、マツダはどのようなポジションを目指すのだろうか。そこだけは、どうしても知っておきたい。

これから紹介するのは、マツダ社内で〝ミスターエンジン〟という異名を持つ人見光夫シニアイノベーションフェローが、二〇一八年に地元新聞のインタビューに応えたときの記事の一部である。

この記事と相前後し、いろいろな人がいろいろなことを語っているが、マツダの姿勢（考え方）はだいたい彼の意見に集約されている。

「ＥＶに関しては、私自身、本当に環境に良いのか懐疑的です。確かにＥＶは走行中に排気ガスを出しません。しかし環境への影響というのは、発電までを含めてトータルで考える必要があります」

これを平たく言えば、自動車さえ良ければ、という考え方なら、ＥＶ一辺倒も成り立つが…ということである。

彼は続ける。

「中国などで多い石炭火力発電は、多くの二酸化炭素（CO_2）を出します。その電気でＥＶを動かすくらいなら、全体で見るとエンジン車の方がCO_2排出量は少ないと思います。CO_2を抑制するためには、ＥＶシフトよりも石炭火力を減らす方が先でしょう。私たちの社会は、まだＥＶ時代を迎える態勢ができていないのです」

この点は、すでに世界の多くの学者が指摘している。しかし、その議論は置き去りにされたまま、現在、世界のＥＶ化への流れは進んでいる。

彼はこう提言する。

「地球温暖化を進行させることなく、ＥＶを本格的に普及させようと思えば、ＥＶで需要が増える分の電力は、太陽光や風力などの再生可能エネルギーでまかなうことが必要になります。ただ再生可能エネルギーは、天候などに左右され不安定なため、電気を蓄えておく蓄電池が大量に必要になります」

この話は、第４章で書いた「バッテリーを制する者がＥＶを制する？」の話に繋がっている。

彼はこう続ける。

「EVが本格的に普及すれば、国はガソリン税などの税収減を補うために、EVへの課税を強化することになるでしょう。そうなれば、消費者の負担は増えます。普及促進に当たって各国政府は、将来の〝負担の在り方〟も提示すべきでしょう。環境面でも経済面でも、疑問を持ったまま開発を進めるのは、正直つらいところがあります」

そして彼は、こう締め括る。

「マツダは、エンジン車の環境性能を高めることが、現実的な道だと考えています。それと並行して次世代技術の開発も進めています。現在のエンジンは、燃料の持つエネルギーの6割以上を捨てています。私たちは、独自の燃焼方式や熱を遮断する技術でエネルギー損失を抑えたエンジン（スカイアクティブ）を世に問うています。いまEVに寄り道をしている場合か、というのが私のホンネです」

これを個人的な見解として聞いたとしても、業界内では、かなり刺激的な意見に聞こえる。ただ概ね、これがいまのマツダの意見（考え方）になっている。

私は、その内容の90%くらいに共鳴している。しかし大切な残りの10%くらいのところで、かなりリスキーなものを感じている。

そのリスキーな部分の本意（10％）というのは、〝マツダが決めることのできない領域のことを、マツダが決めてはいけない〟ということに尽きる。

このかすかな見誤りによって、これまでのマツダの負の歴史（過去）が創り出されてきたと思うからである。

理屈でクルマを買わない

現在のマツダの考え方に90％くらい共鳴できると書いた。その論拠について、もう少し説明しておきたい。

まず、社会インフラが十分に整備されていない段階で、早々とその方向に全社を挙げて舵を切ったら、ロータリーエンジン車やAP車の二の舞になってしまう。そこは慎重に見極めないといけない。

次に、もし社会を変えていくくらいの気概があったとしても、マツダは、まだマーケットをリードしていくような立場にない。この際、市場で独り相撲をとるようなことは、どうしても避けなければならない。

残念なことに、現代社会というのは、社会正義と、ビジネスを成立させることが別々に機能する集合体である。

そのことを市場の実態に当てはめて説明してみよう。

古い話で恐縮だが、私は、新入社員のセールス研修のときにこう習った。

「お客さんとの議論に勝ったら、クルマは売れない」

これは1対1のセールスのときの話である。しかし、このことは社会と自動車会社の関係においても言える。

その良い例が、一九七〇年代のマツダＡＰ車だった。マツダは、お客さんに社会正義があるならば、多くのお客さんがＡＰ車を買ってくれるだろうと読んだ。しかし現実は、そう甘くはなかった。

つまり、お客さんが、社会正義（理屈）のためだけで、クルマを買ってくれるようなケースは稀なのである。お客さんは、社会の風潮や流行を敏感に感じ取り、周囲の人たちの様子を見ながらクルマを選んでいる。

反対に言えば、社会が動けば、お客さんも動く。マツダくらいの規模の会社が、この大原則を読み誤ると、命取りになる可能性がある。

現在の話に戻るが、いまマツダが未来社会の数値的な予測（根拠）に基づいて、革命的なシステムを導入するよりも、既存エンジンのさらなる改良・進化の道を選んでいることは間違いない。

その前提の一つになっていると思われるのが、国際エネルギー機関（ＩＥＡ）の予測に代表されるような見方である。

その予測によると、いまから一五年後の二〇三五年時点でも、エンジンのないＥＶや燃料電池車が、新車販売台数に占める割合は16％。ＨＶや家庭で充電できるプラグインハイブリッド車を含めたエンジン利用車は84％を占める。

つまり、いましばらく「エンジン車は自動車の主流」であり続けるのだ。

これらを総合して考えてみると、マツダの現在の姿勢は、90点合格といえるのではないかということである。

スカイアクティブだけで勝負はできない

断わっておくが、本書はクルマの専門書ではない。しかも私は、技術的な話が苦手な方である。従って、いまマツダが最も力を入れているスカイアクティブ（SKYACTIV）について、その技術的な革新性を十分に説明することはできない。

しかしここではっきり言えることは、これから説明する技術は、他社が一目も二目も置く画期的なものであるということである。

まずスカイアクティブというのは、特にエンジンだけを指すのではなく、マツダの新世代の自動車設計（トランスミッション、シャーシ、制御技術を含む）の総称である。

つまりエンジン単体の燃費改善だけではなく、さまざまなコンポーネントの技術改善によって、総合的に目標を達成しようというものである。

スカイアクティブ（SKYACTIV）のネーミングについては、次のように説明されている。

「SKY」は〝限界にとらわれない自由な発想〟。「ACTIV」には〝活発で前向きな姿勢〟という意味が込められている。

「ACTIV」の末尾の「E」が意図的に外されているのは、そうすることによって、固有名詞として全世界で商標登録が可能だったからである。

おそらくこの技術に集約するようになったのは、フォード支配期に、研究開発費が自由に使えなくなったことが発端になっているのではないか。

この点について、この計画を発案、主導した人見光夫（前述）は、NHK番組に出演してこう語っている。

「フォード時代に、部長として一緒に仕事をしていた仲間たちに、早期退職を促したのは本当につらいことでした。そのとき思ったのが、自分たちのできる範囲内で〝正しいことをやろう〟ということでした。その思いがスカイアクティブ開発のスタートになりました」

その後、フォードから解放された二〇〇八年頃には、他の自動車会社でEVやFCVの研究開発がかなり進んでいた。

そうなると、研究開発費の少ないマツダとしては、とりあえずこの方向にフォーカスするしか手がなかったのではないか。

ただ、その苦渋の選択の結果は、類まれな社員たちの真面目な性格と相まって、すぐに良い方向に回転しはじめた。

マツダはシリンダー内の圧縮比を、周辺の制御装置などを組み合わせることによって、極限まで引き上げることに成功した。

「スカイアクティブG」では、どの自動車会社もできなかった圧縮比14・0を実現し、世界中の自動車会社を驚かせた。

圧縮比14・0という数値は、かつてジャガーが一時期に採用したことはあったが、すぐに断念するほど難しいことだった。

私たちは、新入社員研修のときにこう教わった。

「圧縮比を上げ過ぎると、シリンダー内で不規則着火が起こり、エンジンのノッキング（金属性の打撃音）を誘発する」

これは主として、指定されたオクタン価とは異なるガソリンを使用したときの留意点だったが、物理的か質的かの違いはあれ、原理は同じである。

さらにもう一つ。私が会社を辞める頃には、すでに社内で話題になっていたクリーンディーゼルエンジンの話である。これも、これまでのディーゼルエンジンの常識を覆すようなものだった。

かつて東京都の石原慎太郎知事が、記者会見の場でディーゼルエンジンから排出された黒い煤をばらまいて見せたことがあった。しかし、それはもう遠い過去の話である。

本来のディーゼルエンジンの持つ低燃費。さらにCO_2発生量の少ないディーゼル車を、日本や欧州で安価で手に入れられるようにしたのは、「スカイアクティブD」の普及によるところが大きい。

繰り返すが、マツダは周辺デバイスの電子制御化によって精密なエンジン制御を可能にし、圧縮比を、圧倒的なレベルの高さにまで引き上げた。

さらにマツダは、これらの数値をさらに上回る「スカイアクティブX」を導入した。

この新エンジンにおいては、ガソリンを混ぜた空気を押し縮めて燃焼させる圧縮着火の技術を採用している。

こうなると、スカイアクティブ搭載車は、ハイブリッド車並み、あるいはそれ以上の燃費性能をガソリンエンジンのみで達成することになる。

つまり、最終目標までの過渡期として位置づけられているハイブリッド車へ立ち寄る必要性が小さくなるのである。

ただ、この新エンジンが国内で最初に搭載されたマツダ3においては、推奨するガソリンがレギュラーからハイオク（日本ではコスト高）に切り替えられたため、経済メリットは予想よりも小さくなる。

これら一連の流れの一方で、マツダがスカイアクティブ技術に集中することのリスクもまた、十分に考えておかなければならない。

今後、新たなバッテリー開発や、水素ガス供給のインフラ整備などが急速に進む可能性も十分にあるからである。

とすれば、マツダはスカイアクティブ技術だけにのめり込むのではなく、もう少し全車電動化へのプロセスを短くし、さまざまな方向性を担保しておく必要があるのではないか。

二〇一七年のことだった。マツダはそうした周辺の懸念を払拭するために、ひとまず全車電動化へのプロセスを発表した。

それによると、二〇三〇年には、生産する全車にスカイアクティブ、クリーンディーゼルなどのマツダ独自技術に、電動化技術を加えていく方針のようである。

しかし、そのペースでも、先走る欧州、中国市場などへの対応が遅れる可能性は否定できない。もしそうなれば、経営リスクはいっそう高くなる。

そういう状況下で開催された第46回東京モーターショー。マツダが出品した「MX－30」に驚いた人は多かった。

このクルマが、これまでの脈絡になかったマツダ独自開発の量産EVだったからである。マツダはこのEVを二〇二〇年に、欧州市場に投入するという。

おそらく強く意識したのは、欧州の二酸化炭素（CO_2）の排出規制だったと思われる。欧州連合（EU）の乗用車の排出量目標値は、二〇二一年から、走行1キロ当たり現在の平均130グラムから95グラムに変更される。もしこれを超えると、多額の罰金が科せられることになる。

そのことに加え、マツダは「MX－30」の投入によって、世界のEV市場から後れをとっているような印象をぬぐいたいのだと思う。

ここで知っておきたいのは、EVをめぐる国際的な自動車市場の変革は、予想以上の速さで進んでいくことになるかもしれない、ということである。

広報の果たす役割

さらに、大切な話を付け加えておきたい。

実は、いまマツダを支えてくれている、あるいは関心を持ってくれている多くの人たちが、将来への小さな不安を感じている。

その要因になっているのが、マツダ首脳たちの微妙な言動ニュアンスである。

彼らの発言が、スカイアクティブに自信を持つあまり、EV、FCVを軽視しているようなニュアンスとして伝わりがちだからである。これは少々まずい。

EVやFCVも、やがてマツダが通る道である。これらに対し、最大限のリスペクトが必要なのではないか。

先日、某テレビ局のエラい方から、次のような質問を受けた。

「マツダはスカイアクティブだけで、本当に大丈夫なのでしょうか?」

ただ、その人は、マツダの長期戦略をかなり誤解されていた。しかし、彼が本当に誤解しているのだとしたら、それはマツダ側の責任である。

マツダは、早く長期的なＥＶ、ＦＣＶへの道を示すべきである。

つまりどんなことがあっても、しっかりと社会の流れに乗っていかなければならないのである。それがマツダの長期ビジョンでなければならない。

長々と10％部分の話を書いてきた。ただよく考えてみると、これは私も所属していた広報本部の仕事になるのかもしれない。

いずれにしても、現在の首脳の考え方・話し方も含めた包括的な広報活動の工夫によって、10％の不安は拭い取ることができるのではないか。

いまのマツダの考え方は、概ね正しい。しかしその考え方は、きちんとした包装紙に、できれば美しくラッピングしてお客さまに提供すべきなのである。

かつてのマツダイズムというのは、何事にも果敢に挑戦していく冒険心のようなものが芯になっていた。

その頃は、比較的、広報の役割は小さかった。なぜなら、実体（中身）の方が、包装紙を圧倒していたからである。

しかしいまのマツダイズムは、あまり大きな風呂敷は広げず、目の前のことを地道に実行していく現実主義みたいなものが芯になっている。

そのこと自体は、大変好ましいことである。

「ロータリーのマツダ」から「スカイアクティブのマツダ」へ。

まるで難しいパズルを解くような現在の自動車情勢のなかで、マツダの〝イズム〟は決して間違っていないように思う。

もしそうであるとしたら、広報が果たす役割は、殊のほか大きい。

第7章

マツダに遺しておきたいブランドの話

私はマツダ時代に、ヨーロッパから多くのことを学んだ。なかでも欧州車と日本車の違いについては、感じるものが多かった。

欧州車というのは、どの時代のどのクルマでも、ポルシェならポルシェ、シトロエンならシトロエンだとすぐに分かった。

またボルボは、どこから見てもボルボであり、BMWもミニもフィアットもそうだった。つまり、どこが造ったクルマなのか一目で分かるのだ。

ところが、当時の日本車は、トヨタ車も日産車もネームプレートを見ない限り、区別がつきにくかった。またホンダ車も三菱車も同じように見えた。

それはなぜだったのだろうか。その要因の一つは、それぞれの車種が〝モデルチェンジ〟と称してガラリと姿形を変えていたからではないかと思う。

マツダ社内の試作クリニックでも、よくこんな会話を耳にした。

「せっかくモデルチェンジするのに、前のイメージと変わらないではないか」

こうして前のクルマのイメージとは全く異なる、斬新なデザインの新型車が次々と導入されていった。

もちろんその結果は、知れている。いつまで経ってもトヨタ、日産、マツダ…といったブランドのイメージは形成されない。こうして、知らない間に「日本車＝イメージのないクルマ」ということになってしまった。

当時、私は、社内でこう主張していた。

「モデルチェンジ（Model change）という言葉を使うのを止めて、モデルエボリューション（Model evolution）という言い方にしませんか？」

当時、その提案に共鳴してくれたのは、唯一、私が〝マーケティングパートナー〟と名付けた広告会社（博報堂）だけだった。つまり、社内では議論にすらならなかった。

こういう状況を打破するために、私が考え出したことの一つのが、マツダ全車に統一マークを付けるということだった。

マツダのようにセダン系、ミニバン系（ＳＵＶ系）、スポーツ系、そして商用車系まで造っている自動車会社において、しっかりとしたプライマリーブランドイメージを形成するためには、この方法は王道になる。というよりも、これがとりあえず、最低限のスタートラインになる。

このプロセスについての話は、既述の『さらば、愛しきマツダ』（文藝春秋）のなかで詳しく書いたので、ここでは繰り返さない。

ただその後の展開について、少し所感を書き留めておきたい。

歩きはじめたブランドシンボル

全マツダ車に装着する統一マークが必要である。そのために具体的な行動を起こす。そのプロセスを起案してから、実際のデザインが承認されるまで、実に七年という歳月を要した。

さらに、そこから長い歳月を要することになるのは、車種ごとにマークの装着タイミングが異なったからである。

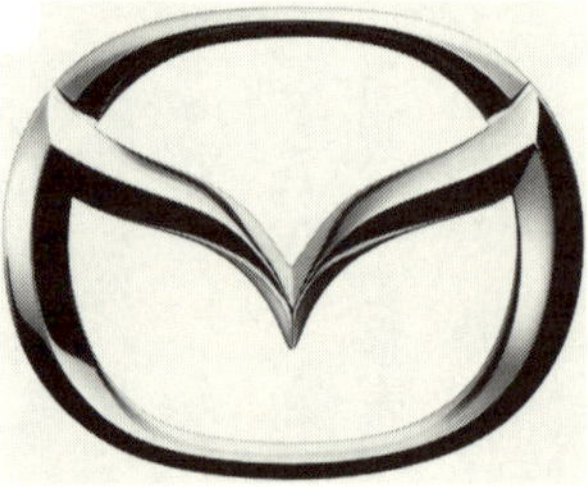

つまり全車種いっせいに…というのは物理的に不可能であり、実際には、各車種のモデルチェンジに合わせて…ということになった。

これを具体的に書けば、商用車まで含めると、全車種の装着までに七、八年の歳月を要したのである。

ここでお気づきの方もおられると思うが、私はこれまで、このデザインを〝マーク〟という書き方にしている。

なぜかと言うと、当初、このデザインは、国内の5つの流通

1997年に制定されたマツダブランドシンボル

チャネルブランド（マツダ、アンフィニ、ユーノス、オートザム、オートラマ）を統一するためのマークという位置づけで承認を得たからである。

しかし、よく考えてみよう。全車種のフロント、リアのセンターに取り付けるマークというのは、社会通念からして〝マーク〟（印）の概念をはるかに超える。

私たちはのちに、このマークをマツダの最高概念となる〝ブランドシンボル〟に再定義する案を経営会議に上程し、承認を得た。

そしてその後、長年親しんできた社章（ブルースクエア）を、このシンボルと同じデザインに変えた。

実を言うと、そこまでが一九九〇年代初頭に、私が頭のなかに描いたストーリーだった。

そういう流れのなかで、勇気を出して書き残しておきたいことがある。

ただ私は、もうマツダとは何の関係もない人間である。そういう意味で、いま社内で叡智を出して頑張っている現役の社員たちに、大変失礼になるかもしれない。それでも、後輩たちの向学のために書いておきたい。

それは、その頃の資料の片隅に小さく書いた、次のようなメモについてである。

「ブランドシンボルがすべての車種に装着され、人々の認知を得るようになった時点で、

コーポレートマーク

プロモーションマーク
（タテ／ヨコ）

コーポレートマーク（右上）の役割を極小化、または廃止することを検討する」

ここで専門的な話になって恐縮だが、現在、マツダはブランドシンボルとコーポレートマークを一体にしたプロモーションマーク（右下）を使用している。これには使用するスペースによって、タテ型とヨコ型がある。

ところが、よく考えてみてほしい。意味の異なる2つのデザインが、組み合わされて使用されることについては、決定的な矛盾がある。

当初は、マツダの出所（素性）を明らかにするために、併記はやむを得なかった。

しかしブランドシンボルが多くの人に認知された暁には、コーポレートマークの併記は不要になる。

このことの理解のために、読者にはベンツのシンボルマークを思い起こしてほしい。

「陸、海、空」を意味するあのシンボルは、他の表記の介入を許さず、単体で孤立して見せることによって大きな意味を発している。

つまり、あれこれと補足するほど、本体の意味が弱まっていくのである。

ほんの数年前のことだった。私は、ニュースなどで「マツダのコーポレートマークが立派にリニューアルされた」ことを知って、驚いた。

一般の読者には、どうでもいい話に聞こえるかもしれないが、そのことについて、微細な私見を書かせてもらう。

マツダのブランドシンボルは、もう十分に独り歩きができている。水戸黄門の印籠ではないが、自信をもってブランドシンボルだけを掲げればよい。

ブランドシンボルとコーポレートマークの関係について、その両方のデザインを担当したレイ吉村は、当時、このように語っていた。

「コーポレートマークを立派に見せると、ブランドシンボル(飛翔の形)の翼が抑えられ、羽ばたけなくなる」

ついでに、その「飛翔する翼」についても書いておきたい。

マツダブランドシンボルは、旧メソポタミア地方(イラン)に現存する、アフラ・マズダー神のシンボルマークをイメージして創造されたデザインである。

そのオリジンは「翼」「太陽」「光輪」を意味しているが、彼が、デザインモチーフとして採用したのは「翼」だった。

ブランドシンボルのモチーフになったAhura-Mazda（光と叡智の神）のシンボル

私は、この由緒（翼、太陽、光輪）について、デザイナーのレイ吉村（前述）と何回も話し合った。そのため私には、一般の人とは異なる感覚があるのかもしれない。

その由来から来るデザインの意図は、次のようになる。

「マツダの名に由来するAhura-Mazdaのシンボルである〝翼〟をイメージの原点とし、未来に大きく羽ばたくマツダの姿を〝M〟の形に象徴したものである」

何度も書くが、私はもうマツダの人間ではない。後輩たちの叡智によって、それがどういう考え方で、どういう方向に導かれようとも自由であり、私が口をはさむ余地はない。

もちろん、自動車に装着するシンボルというのは、大きければ大きいほどよい。その大きさが自信の大きさに繋がっていくからである。

ただ他社のシンボルの話で恐縮だが、私がいま乗っているベンツCLAは、フロントセンターのシンボルがチト大きすぎる。

自信というのは、いくら大きくてもよいが、それが行き過ぎると、権威主義からくるユーザーの〝誇示〟（自慢）のように見えるからである。

魂動デザイン

自動車のブランド価値を語るうえで、大切なのは、言うまでもなくブランドシンボルではなく、商品そのものである。

またその商品の優劣を語るうえで、比較的、大切なのが外板デザインである。なぜかと言うと、人間には視覚情報でイメージを形成する傾向があるからである。見た目というのは、それほど大切なものである。

二〇一八年のこと。私は一冊の本に出会った。その本の題名は『デザインが日本を変える』（光文社）。

著者は、マツダのデザイン本部長・前田育男（常務執行役員）。その文中で、現在、マツダがデザインテーマにしている〝魂動デザイン〟について書かれていた。

魂動デザインというのは、生物が見せる一瞬の動きの強さ、美しさ、緊張感を形として表現し、見る人の魂をゆさぶろうということのようである。

英語で「SOUL of MOTION」と訳されたこの言葉は、いま全マツダ車のデザインテーマとして機能している。

その魂動デザインの根底に流れているものは、生命観、躍動感のようなものではないかと思う。そのせいか、いま街でマツダ車を見かけると、時々、振り返りたくなるような引力を感じることがある。

もちろん外板デザインというのは、本来、人間の好き嫌いによるところが大きい。つまり、万人共通というわけにはいかない。

しかし、その好き嫌いが存在したうえでも、どこか魅力を感じるデザインというのはある。極端に言えば、「好きではないけれど、その主張に魅力を感じる」という世界である。

私がここで書きたいのは、マツダ車のデザインが素晴らしいということではない。興味をもっているのは、最近、どのマツダ車を見ても〝マツダらしさ〟を感じるようになったということである。

では、これまではそうではなかったのかというと…、実は、そうではなかった。

どの自動車会社でもそうだが、一つの商品の開発から導入までを担当する主査というのは、だいたい個性的な人が多い。

これを反対側から見てみると、個性的で、しかも何事にも動じない頑固な人でないと、主査という仕事は務まらないのだ。

そのため自然に、個性はあるが、全体として統一感のない新型車が次々と登場してくることになった。

ここで、この章の冒頭で書いた欧州車の話を思い起こしてほしい。

どこから見ても、ベンツはベンツ、ルノーはルノー、プジョーはプジョー、アルファロメオはアルファロメオである。それぞれの車種が個性をもちながら、プライマリーブランドとして統一されている。

これがブランド力（伝統）というものなのである。言ってみれば、「ブランド力＝伝統＋統一された形」ということになる。

いま街角で見る「CX-5」と「CX-3」の区別がつきにくくなったのは、そのためである。そのことは、決して嘆かわしいことではなく、大変好ましいことなのである。

いまマツダは、この観点から、ブランド力が増しつつあるように見える。

私たちが遺したマツダのブランドシンボルは、運用さえ誤らなければ、その象徴として機能するはずである。

反対に、大切なのは、それにふさわしい実態がない限り、決してブランドシンボルだけが輝くことはない。

マツダ3の意味

マツダは有史以来、一つの車種を海外と国内の両市場で、複数の名前を使い分けてマーケティングしていた。

例えば、かつての〝ファミリア〟（のちのアクセラ、現マツダ3）は、北米で〝Protégé〟（プロテジェ）、欧州その他市場で〝Mazda 323〟と呼ばれていた。

またごく最近まで、海外の〝Mazda 6〟は、国内で〝アテンザ〟。海外の〝Mazda 2〟は、国内で〝デミオ〟と呼ばれていた。

誰でも分かることだが、本来、一つのクルマ（商品）に、二つ以上の名前があるのはおかしい。

私は、マーケティング本部が設立されて、初代ブランド戦略マネジャーに就いてから、この問題の改善に取り組んだ。

つまり、全市場でネーミングを統一することである。

なぜそうすべきと考えたのか。それは以前から、国際化が進むなかで、国ごとに名前が違っていると、認知ロスが大きくなるということに加え、本当に強いプライマリーブランドが形成できないと考えていたからである。特に、マツダのような小規模メーカーでは、その認知ロスが相対的に大きくなる。

しかし当時、海外と国内でネーミングを統一するということになると、大きな障壁になっていたのが、両マーケットの表記方法に対する考え方の違いだった。

その結果、海外では、原則的にアルファニューメリック（英字＋数字）、国内では、ペットネームのカタカナ又は英字表記としていた。

そのマーケティング評価は、企業秘密になると思われるので、ここで明かすことは適切ではないと思う。もちろんネーミング戦略というのは、各自動車会社独自の考え方によって定められている。

ただ私たちは、これを一時、統一することで社内コンセンサスを得ていた。

そのベースになったのが、一九九九年に起案した「グローバル統一ネーミング戦略」（仮）という具体的な実施計画だった。

しかしクルマの名前というのは、一筋縄ではいかない。特に、国内市場関係者の理解を得ることは、大海の潮の流れを変えるほど難しかった。

そして、二〇〇一年のアテンザ（Mazda6）の導入をきっかけにして、再び国内は国内、海外は海外の道を歩むことになった。そして私は、会社を辞めた。

それから以降は、マツダがどの方向に進もうとも、私の関知するところではない。

しかし私は、国内で二〇一九年五月に発売が開始されたアクセラが〝マツダ3〟と名付けられたことについて大変驚き、そして感銘を受けた。

なぜかというと、それが当時、私が多くの人の理解が得られないまま、ファイルの奥にしまい込んだボツ案だったからである。

あの頃から、二〇年という歳月が流れる。いまマツダ社内では、着実にプライマリーブランドに対する見識が高まっているように見える。

ではいったいなぜ、マツダにとって〝アクセラ〟ではなく〝マツダ3〟の方が良いのかについて、簡単に説明（箇条書き）しておきたい。

① いま世界は情報洪水のなかにある。そこに投入する情報（記号）は、できるだけシンプル

な構造で、分かりやすい方が有利になる。

②プライマリーブランドとプロダクトブランドを一体化することによって、企業と商品の認知ロスが少なくなり、イメージ相乗効果が生まれる。

③プライマリーブランドは不変、商品モデルは可変である。商品名にプライマリーブランド名を冠することによって、車種間効果（ヨコ軸）と蓄積効果（タテ軸）の両方が期待できる。

④番号によって万国共通に、車格などが表現できる。

⑤世界を対象にしたペットネームの商標登録は、約85％がNG（当時）となり、商品名に意味を付加する戦略には限界がある。

これらを平たく説明するならば、これまで国内で〝アクセラ〟と〝アテンザ〟を区別できていたのは、マツダ社員とユーザーくらいだったのではないか。

おそらくこれからは〝マツダ3〟と〝マツダ6〟（後述）を誤って認識する人は少なくなると思う。

またトヨタのアルテッツァ、アレックス、日産のアルティマなどとも名前が酷似していて、区別はつきにくい。

さらに市場で商品が語られるとき、必ず〝マツダ3〟という言い方になるところがよい。〝3〟だけでは、誰も分からないからである。

そうなると、人々が商品を想起するときに、同時に〝マツダ〟というプライマリーブランドが想起されることになる。

こうして雪だるまのようにして、ブランド認知が進んでいくのである。そう、ベンツ、BMWなどがそうであるように…。

実はいま、国産車だけでゆうに1500を超える車名が存在している。マツダのような小規模な会社が、その洪水のなかに首を突っ込んでいくというのは、いかにも非効率なのである。またその非効率性が、どこか貧弱なブランドイメージへと繋がっていく。

マツダは同年、〝マツダ3〟に続いて、旧アテンザを〝マツダ6〟、旧デミオを〝マツダ2〟にすると発表した。

これからは堂々とマツダ1、マツダ2、マツダ3、マツダ4…。これで良いのである。

どんなブランドを目指すのか？

すでに書いたように、プライマリーブランドイメージを形成するうえで、最も大切な要素は商品である。商品をさておき、良いプライマリーブランドイメージを形成することなどはできない。

しかしその一方で、商品の売り方（商法）、さらに建物や設備の在り方、顧客との接し方なども、それと同じくらい大切である。

報道によると、マツダは、近年、一部の主要な市場で〝ワンプライス戦略〟を進めているようである。つまり値引きという古典的な商法に頼らず、市場ごとに定められた正価をできるだけ守っていこうということである。

これはブランドイメージ形成の王道である。ご存知のように、ルイ・ヴィトンやシャネルなど真正ブランドと呼ばれる商品は、決して値引きを行わない。これは商品に対し、絶対的な自信を持っているという証だと思われる。

自動車の場合、特に海外では、同じ店舗で他ブランド商品を併売しているケースもあり、必ずしも一律にはいかないところがある。

さらに言えば、途中で販売方針を転換し、これをねばり強く続けていくためには、一時的な販売台数の減少も覚悟しておかなければならない。

もちろん販売台数が減少することによって、販売会社の売上高は一時的に縮小する。さらにそのクルマの部品を納入する会社の売上げも下がり、それを運ぶ会社の収入も減る。こうしていったん、負の循環が起きる。

しかしそれでも、できることならば〝ワンプライス〟というのが望ましい。

特にこれから、ＥＶやハイブリッド車などタイプの異なるクルマが併売されるということになると、値引き商法というのは、本来の商品価値を歪曲してしまうことになり、ほとんど意味を持たなくなる。

また近年、マツダでは次々と〝新世代店舗〟という洒落た高級イメージの店舗を開設している。

これは新しいマツダのブランドイメージ（スタイル）を、直接、お客さんに接する店舗で具現していこうという試みのようである。

基本的には、黒を基調にした高級な素材感と、ナチュラルな木質感。このコンセプトイメージは、先行しているレクサス店舗に近い。

実を言うと、それまでマツダ社内に存在していたはずの「店舗マニュアル」というのは、私が担当して作成したものである。

当時は、「主役は商品。それを展示する場はニュートラル」というのが基本だった。その根底にあったのは、装飾を排除した〝機能美〟だった。つまり意味の少ない造作は行わず、基本をしっかり造り込むということだった。

しかし現在は、その方針が変わったのだと思う。これに対する私見がないわけではないが、基本的に、お客さんを迎えるための店舗を充実させるという考え方は大変良いと思う。

ただ一つ。大切なことは、マツダはどこを目指しているのか、その到達点（目標）をしっかりと定め、その考え方を皆で共有することである。そしていったん定めたら、何年経とうが、諦めずに実行することである。

マツダ広報によると、新世代店舗への移行は、二〇一九年六月時点で国内923店舗のうち18％に当たる169店舗が完了したという。

ただ店舗づくりに〝完了〟という言葉は、似つかわしくない。常にリニューアルを繰り返し、時代を先取りしていかないと、他店に対抗できないからである。

マツダ博物館

もう一つ。口うるさいマツダ出身者（老人）のたわごととして読んでみてほしい。

マツダは、日本の自動車会社のなかで唯一、真正ブランド戦略を実行しはじめた会社である。私がそぞろ「マツダ最強論」を唱えはじめたのは、主としてこのためである。

もしそうだとしたら、マツダはそろそろ「マツダ博物館」の建設を検討してもよいのではないか。

私が現役時代、このことを何度も口にしたが、ついに本気で起案するような空気にはならなかった。しかし創立一〇〇周年ということになると、話は違う。

マツダ一〇〇年の歴史は、現役社員が考えているよりも、はるかに大きな意味を持っている。つまりトヨタや日産よりも、そこに積もったものが多いのである。その歴史を後世に伝えることこそが、ブランド戦略の本質なのである。

現在、その役割を果たしているのは、広島本社の宇品工場の一角にある「マツダミュージアム」である。しかし、はっきり言って、そこ（ラインオフ最終コーナー）では荷が重すぎる。

読者は、シュツットガルト（ドイツ）にある「メルセデス・ベンツミュージアム」をご存知だろうか。

そこには、国内外から年間100万人を超える人たちがやってくる。

そこで、一三〇年に及ぶ内燃機関（自動車）の歴史のすべてを学ぶことができるからである。

マツダのような中規模の自動車会社が…。そういう風に考える人もいるかもしれない。しかしそう考えてしまうと、いつまで経っても、好ましいブランドイメージは形成されない。

人々の心のなかに良いブランドイメージが形成されるとき、その核になるのは、自社の歴史や商品に強い自信や誇りを持つ人々の毅然とした心意気である。

それは確たる〝自覚〟と言ってもいいかもしれない。社外から見ても、マツダには人を惹きつける十分な素材がある。

一世を風靡した三輪トラックやR360クーペ。世界で初めてロータリーエンジンを搭載したコスモスポーツ。日本車で初めてル・マンを制したマツダ787…。どれも現物を見てみたい。そして、その物語を聴いてみたい。

さらに言えば、広島には二つの世界遺産がある。海外から来た観光客には、宮島↓原爆ドーム↓マツダ博物館…という風に足を運んでもらいたい。

ただ博物館を建設するという壮大な計画は、立案から開館までに、ゆうに三〜五年の歳月を要する。

つまり、まだ先は長い。ただその一方で、私の人生は残り少ない。できれば一度だけでいいので、生きているうちにそこを訪れてみたい。

なぜ若者はクルマに興味をもたないのか

毎週土曜日の午後9時。ＢＳ日テレで「おぎやはぎの愛車遍歴」という番組が放映されている。

私は、この番組をよく観る。おそらくフツーの人なら「何を言っているの？」といったような他愛ないクルマの話を、根掘り葉掘り語り合うという番組である。

そこで使われる言葉も、「ヨタハチ＝トヨタスポーツ８００」「スカジー＝スカイラインＧＴ」といったように、どこかなつかしい響きの略語が多い。

ただ人前でこういう略語を使うと、〝昭和の化石〟とか、〝自動車オタク〟という古めかしいレッテルを貼られる。特に、平成生まれの若者たちは、自動車のうんちく話にほとんど興味を示さない。

ただ思うに、自動車の商品名が人々の脳裏に焼き付くことがなくなった本当の理由は、若者の変質ではなく、社会の変質によるところが大きいのではないか。

例えば、その昔、郊外の一等地には、自動車販売会社（ショールーム）とガソリンスタンドが軒を連ねていた。

ところがいまは、その一等地にドコモ、ａｕ、ソフトバンクの店舗が進出し、そのすき間に洒落たラーメン店などが出店している。

お茶の間のテレビでも、第２章で紹介したような自動車ＣＭはすっかり影を潜め、当たり前のようにして、犬が日本語をしゃべるＣＭが流れている。

この社会の風景が、そのまま日常の風景になった。街では、人々がみな下を向き、指でスマホ画面を操作している。つまり、平成の時代に世の中の風景が一変したのだ。

先日、スタバで奇妙な場面に出くわした。４人の若者が座っていたが、みな下を向いてスマホ画面を操作していた。彼ら４人は、いったい何のために集まっていたのだろうか。

何の会話もないので、不思議に思っていたら、なんとお互いに意思が通じ合っているではないか。時々「オッ！」などという言葉を発している。彼らは本人と対面しながら、スマホで意思を伝え合っていたのである。

オー・ノー。口から言語を発することで進化してきた人類は、いまこういう形でコミュニケーションしている。

これは人間関係で言えば、進化ではなく、退化なのではないか。

最近は、何でもＳＮＳ、アプリ、ツイッター、ユーチューブ、インスタ映え…。もはや若者たちはヨタハチやスカジーの世界ではないのだ。

しかし我々の世界では、「86」（ハチロク）といえばトヨタ86。「Z」（ゼット）といえば日産フェアレディZ。「7」（セブン）といえばマツダRX－7。「S6」（エスロク）といえばホンダS660なのである。

ブランドの希薄化

なぜ若者たちが自動車を語らなくなったのか。その一因になっているのが、自動車ブランドの没個性化である。

もちろんその責任のほとんどは、ひたすら没・個性の戦略を貫くことになった自動車会社の方にある。

つい最近まで、自動車エンジンといえば、どの会社も内燃のレシプロエンジン（一部ディーゼルエンジン）。外板デザインも、まるで申し合わせたように同じ傾向にあった。どこか似たようなクルマで、しかも馬力も性能もほぼ同じ。外板色も日本人好みのしぶい色が主流になっていた。

ちょっと離れて見ると、どこのクルマなのか、ほとんど区別はつかない。かろうじて各社のオーナメントが異なっているが、これも小さくて見えにくい。

大変失礼な話だが、私は、かつて自動車会社に勤めていながら、トヨタ車の一部に装着されたオーナメント類の区別と意味がよく分からなかった。

旅先でレンタカーを借りるときなど、よく係員に訊いた。

「これ、どこのクルマですか？」

宮古島（沖縄県）で借りたときなどには、トヨタ車だと思って借りたのに、運転をしはじめてから韓国車だということに気がついた。

はっきり言って、これではブランド戦略にならない。もちろんそうなると、若者の心を掴むどころの話ではない。

つまりブランドが希薄であることと、若者に興味を持たれなくなったということは、無関係ではないのである。

その危機感の表れなのか、最近、トヨタがＣＭで「トヨタイズム」というキャッチコピーを使うようになった。

有名タレントを起用し、口先だけで「心ときめく…」などというＣＭは、いまや若者の誰も信用してくれなくなった。

持論を書かせてもらうならば、ブランドというのは、造り手が工場で一方的に造り出すものではない。もちろん、多くの言葉を連ねて創り出すものでもない。

ブランドというのは、幾多の行動が、それを受け止める人々の心のなかで蓄積し、長い時間をかけて、一つのイメージとして形成されるものである。つまり一朝一夕にはいかないのである。

言ってみれば、トヨタにおける「トヨタイズム」、ホンダにおける「ホンダイズム」、マツダにおける「マツダイズム」は、本来、当たり前のことであり、一時のキャンペーンとは無縁のものなのである。

若者の心なかで形成された、それぞれのイズムが、心にどう響くのか。そこに競争の本質があるる。

自動車の未来（コト消費の限界）

一方で、若者の自動車離れというのは、彼ら特有の傾向を示すものではないようにも思う。なぜなら、若者たちだけではなく、世の中の人全体がそうなりつつあるように思われるからである。一部の人たちは自動車を所有するのではなく、カーシェアなどを活用し、必要なときに必要なクルマを運転するようになった。

そうなると、本来、自動車が持っていた〝所有的価値〟は希薄になり、ブランドにそれほどの関心はなくなる。

つまり、クルマは自動運転（レベル2、3くらい）がちょうどいいということになる。今という時代は、そういう状況が目の前に迫ってきた時代なのである。

マーケティングの領域では、「モノ消費からコト消費へ」というような言い回しが、定番フレーズとして使われるようになった。

目に見える現金がキャッシュレスに変わり、振り込め詐欺がごくフツーに、まるでビジネスみたいに実行される。

またeスポーツが、ホンモノのゲームよりも盛り上がり、華々しいイベントが開催されるようになった。

そういう状況下で、特に思うことは、いまの社会は何か不具合なことが起きると、やたらとクレームをつける人が多くなったということである。

彼らの心のなかでは、世の中は自分のために、正常かつ自動的に動いてくれなければならないのである。つまり、自分が快適に過ごせない世の中は許せないのだ。

そのことと、自動車とどういう関係があるのか。

私には、人間（ホモ・サピエンス）が道具をうまく使いこなせなくなってから、ある意味で、人間の劣化がはじまったように見えている。

私がマツダに入社した頃は、若者たちがクルマに憧れ、それをゲットするために懸命に働いていた。そういう無形のエネルギーが、社会をけん引する力になっていた。

ところがいまの若者たちは、総じて、自動車に憧れなどはない。もっと言えば、面倒なことは嫌いである。

生まれたときから、車庫に立派なクルマ（たいてい父親が所有）があったのも、その一因になっているのかもしれない。

いつのまにか、若者の自動車離れは、深刻になっていった。私は、その状況から生まれた社会の変質に、少なからぬ危機感を抱いている。

そのクルマには、目を疑うようなＡＩ先進技術が搭載され、人間が機械を操るという感覚が少なくなってきた。

そのことが行き過ぎると、尊い人間のネイチャーまで否定されてしまう。人間には、程ほどのリスクと緊張感が必要なのである。

これまで自動車という商品は、人間社会に程よい刺激を与え続けてきた。

それは子どもたちにとって遊園地（公園）の遊具のようなものであり、大人たちにとって仕事への意欲を増大させる道具だった。

言うまでもないことだが、子どもたちは公園の遊具で小さな危険を学び、大人たちはクルマを使ってビジネスの展開を心に描いた。

そういう意味で、若者の自動車離れは、由々しき問題なのである。

このことに関し、もう少し書いておきたい。

それはマツダに限らず、トヨタ、日産、ホンダ、三菱、スバル、スズキ、ダイハツなど、すべての自動車会社が、特に若者の興味（需要）を喚起するようなことに取り組んでもらいたい、ということである。

なぜかというと、それが、これまで日本社会をリードしてきた自動車会社の大切な責務の一つであると考えるからである。

自動車というのは、あの頃の日産スカイライン、ホンダＮＳＸ、マツダロードスターのように、もっとワクワクする商品であってほしい。そのうえで目前にさし迫った環境問題をクリアし、適度な自動運転を実現してほしいのである。

かつて２００万人を超えていた東京モーターショーの来場者は、一時、80万人レベルにまで減少した。

また第46回ショーでは、各社とも明確なコンセプト（ビジョン）が打ち出せず、近未来に対する不安・迷いみたいなものを感じさせた。

急速にＡＩ化が進むなかで、いま自動車会社は誰に向かって、何を提供しようとしているのだろうか。

その中身は、時代の流れに沿って刻々と変わっていくものと思う。ただ一〇〇年に一度と言われる変革期を迎えた今こそ、そのことが明確に示されるべきである。

日本の未来を創るのは、間違いなく若者たちである。

その若者たちのニーズを掴み、それに的確に応えていくことこそが〝未来を創る〟ということなのである。

第8章

愚直さと独創力

――マツダの美学――

「三つ子の魂百までも」

本来、幼児の気質は一生持ち続けられる、という意味に使われる。

人間には、誰にも他人と異なる性格がある。そして、それが形成されるプロセスがある。そのことによって世に独特の精神的、文化的な価値が創り出されることもある。人々は、それを〝才能〟とか〝芸術〟とか呼んで、賛辞を惜しまない。

そのことは、多くの人間たちが関わる企業集団についても言える。人々はこれを〝社風〟と呼ぶことが多い。

しかし、これから書くのは、〝社風〟というには少し軽々しいように思う。ひょっとしたら〝伝統〟と呼ぶのが、ふさわしいのかもしれない。

マツダには、その手前くらいの話がたくさんある。言ってみれば、どの企業にもある〝ありふれた話〟なのに、どこか他とは違う行動に繋がっている。

それは、社内で連綿と受け継がれ、やがて行動規範となり、その空気から創り出される商品にさりげない特徴を与え、いつのまにか世の中に独特の雰囲気を創り出している。

マツダのそれは、明らかにトヨタのものとは違う。日産やホンダや三菱のものとも違う。

つまり、これらが一〇〇年間の長きにわたって、激動の社会に存在し続け、マツダという会社を守り続けてきたのである。

それは、企業経営の大切な局面で、いつも人知れず顔を出してくる。

育まれる企業風土

マツダを創業した松田重次郎が、三つ子の頃に、鍛冶屋の鉄床の音に惹かれて…という話は、すでに第1章で書いた。

歴史の教科書の話になるが、六世紀後半の頃、鉄の製法というのは、砂鉄製鉄法（たたら製鉄）と呼ばれ、日本では主に中国地方の山間部で育まれてきた。

その昔、鉄を精錬することを「大鍛冶」と呼び、鍬や鎌、刀などを造る職業のことを「小鍛冶」と呼んでいた。

また「たたら製鉄」の〝たたら〟は、漢字で「蹈鞴」と書き、日本語の〝吹子（ふいご）〟（＝足で踏むもの）の意味である。

〝ふいご〟というのは、炉に空気を送り込むために使用された送風装置のことである。

この製鉄方法は、中国に住むタタール民族が「韃靼」（だったん）と呼び、これが朝鮮海峡を渡って、日本の中国地方に伝わってきたというのが通説になっている。

重次郎が生を受けた広島の仁保地区は、その「小鍛冶」の集積地だった。そこは現在のマツダ本社（向洋）を含む一帯である。

マツダはまさしく、重次郎の思惑どおり、鉄を主材とした輸送機器メーカーになった。そしてその後、日本の自動車産業の一翼を担う存在になった。

実は、呉市にある海事歴史科学館（大和ミュージアム）でも、その流れが克明に展示されている。

呉の海軍工廠で戦艦大和の建造がはじまったのは、一九三七年のことだった。そう、あの自動車製造事業法が制定された翌年のことである。

さらに翌一九三八年。重次郎は、陸軍省兵器局に呼び出され、「歩兵銃の製造」を指示された。これによりマツダは、一時、三輪トラックの生産を中断し、兵器の生産を余儀なくされることになった。

皮肉なことに、重次郎は、その七年後の八月六日に米軍の原爆投下を頭上で受けることになった。（第1章で既述）

しかし私がここで書きたいのは、「負の遺産」としての戦争や原爆の話ではない。そこから生まれた「正の遺産」についてである。つまり、そのとき呉の海軍工廠で働いていた優れた技術者たちの話である。

戦後、そのまま海軍工廠の設備を使って、大型タンカーや客船の建造に乗り出した石川島播磨重工業（現ＩＨＩ）。軍艦建造に使われた砥石の技術をベースにして、世界有数の半導体製造装置メーカーに成長したディスコ。

実は、マツダもこの流れのなかにあった。戦艦大和の建造に携わった技術者の一部が、マツダに再就職。ここから別の物語がはじまることになった。

彼らのなかには、日本有数の優れた技術を身に付けた人たちがいた。彼らの持っていたノウハウ（技術）は、軍事以外の道で活かされることになる。

その一つが金属を削って磨く研磨技術だった。この技術は、のちに日本一の精度を誇る精密機械の製造、さらに世界初のロータリーエンジン実用化へと繋がっていく。

技術の伝承というのは、そういうものである。そう、技術というのはハード（モノ）ではなく、ソフト（人）によって伝承されるのである。

戦艦大和は、アメリカ軍の魚雷攻撃を受け、３０００人を超える乗組員とともに東シナ海（枕崎沖）の海底に沈んだ。

しかし「人間を豊かにする技術」は、いまでも世代を超えて、広島の地に生き続けているのである。

夢を追ったル・マン

その後、世界ではじめてロータリーエンジン実用化に成功したマツダは、その実力を世界の舞台で証明する必要に迫られていた。

その最適の場としてマツダが選んだのは、世界最高峰の自動車耐久レース「ル・マン24Hレース」だった。

一九六八年八月。マツダは、そのときすでに三六年の歴史を刻んでいたこのレースに、ロータリーエンジン搭載マシーンで参戦した。

しかし結果は、4位。ただ知っておいてほしいのは、このレースは、予め定められた燃料を使って一昼夜（24時間）連続で、3人のドライバーが交代しながら走行する過酷なレースである。この条件下では、そもそも完走することすら難しい。

もちろん当時、このレースで完走した日本車は1台もなかった。マツダは、初参戦だったにも拘わらず、世界の強豪に伍して4位に入ったのだ。

私がマツダに入社した頃には、すでに社内に「ル・マンに勝とう！」という合言葉が存在していた。

しかしその後、ロータリーエンジンは不遇の時代（既述）を迎えた。そして一時、ル・マンからの撤退を余儀なくされた。

しかしマツダには、どんなことがあっても諦めるということを知らない社員が多い。

初戦から二三年が経った一九九一年のこと。一つのニュースが世界中を駆け巡った。

「マツダ787B、ロータリーエンジンでル・マンを制す！」

もちろんこれは、当時、日本車初の快挙だった。

実は、社内ではル・マンに勝つためにさまざまな改良が行われ、それらはロータリーエンジンを搭載した市販車（RX－7、RX－8など）にも役立てられた。

当時、私は、海外宣伝（部長）を担当していた。ル・マン優勝のあと、私たちは感動すべき一つの出来事に遭遇した。

ル・マンの常勝チームだったポルシェが、次のような全面広告（新聞、雑誌）を掲出してくれたからである。

「おめでとう、マツダ！　787Bの走りに最大級の賛辞を贈る」

もちろん私たちは、すぐにこれに呼応した。私たちが世界中（日本除く）に掲出した広告のコピーは、次のようなものだった。

「Nothing is a following…MAZDA 787B」

若い英人コピーライターが起案してくれたこのコピーは、日本語に翻訳するのが大変難しかった。ムリに意訳するならば、こうなる。

「とうとう一番になったね…」

いまだから白状するが、私自身、このコピーが本当に意味するところを深く理解することはできなかった。

しかし、クリニック作業で確認させてもらったすべての外国人が、このコピーの素晴らしさを身振り手振りで力説していたのが決め手になった。

そのお陰で、この広告は世界中で評価された。

私たちは、その後、フォロー広告も掲出した。この第2弾広告のキャッチコピーは、誰でも理解できる平易なものにした。

「Born in Germany, Developed in Japan, Won in France…MAZDA 787B」

つまり、これまでのマツダのロータリーエンジンの歴史に対し、関係国の人々に感謝する広告にしたのである。

ル・マンは燃費レース

その翌年のこと。ル・マン主催者は、異なるエンジンタイプのマシーンで競争するのは不公平だとして、同レースへのロータリーエンジン搭載車の出場を制限（禁止）した。

そのためマツダは、翌一九九二年にはレシプロエンジン搭載車で参戦し、再び上位入賞を果たした。

これと相前後して、日産、トヨタ、ホンダもまた、毎年のようにこのレースに参戦するようになった。特に日産の取り組み方は、尋常なものではなかった。

日産は、毎年「ル・マンへ行ってきます」というような企業広告を掲載し、全社を挙げてこれに挑戦する姿勢を打ち出した。しかし、良い結果が出せないまま、当時のゴーン社長の一声で参戦中止が決まった。

その後、二〇一八年にトヨタ（TS050）が、日本車として2例目となる優勝を果たすまで二七年間、日本で〝優勝〟の二文字を耳にすることはなかった。

ただトヨタはすごい。彼らは翌二〇一九年にもこのレースに参戦し、日本車初の2連覇を達成した。

ちなみに書いておく。トヨタは二〇一二年以降、ル・マンを含む世界耐久選手権（ＷＥＣ）の一連のレースにハイブリッド車（ＨＶ）で参戦している。

もちろんレースで得た経験やノウハウは、市販車の加速性能や燃費改善に活かされている。トヨタのＨＶというのは、減速時に生まれるエネルギーを電気に変え、加速時にそれを利用する仕組みになっている。

そういう意味で、トヨタのＨＶは、電気の出し入れ速度や量の調節が、かなり高水準で確保されていることが分かる。

ル・マン24Ｈレースが、それを証明してくれたのである。


マツダの場合。あのときのウラ話を一つ付け加えておきたい。

前述の企業広告を制作するにあたって、私は、実際にレースに参戦したメカニックたちに取材していた。

「彼らは、どんな気持ちでこのレースに臨んでいたのだろうか？」

そのとき一人のメカニックが言った言葉が、いまでも忘れられない。

「ル・マンはマシーンの性能とか、耐久力を試すレースだと言われています。ただ私たちにとっては、燃費レースでした。与えられた燃料で、どれだけ長く速く走れるかです。あのレースでは大量の燃料を残したままゴールすることができました」

もうお分かりだと思う。マツダは、あのときル・マンに参戦することによって、ロータリーエンジンの燃費を大幅に改善したかったのである。

もちろん自動車会社が、レースに参戦する目的は多数存在する。

あのときマツダの多くのメカニックたちが、世界中から非難を浴びたロータリーエンジンの燃費改善に執念を燃やした姿には、どこか尋常でない熱いものを感じた。

ただ一方で、ごく一般的な世間の見方で言えば、ネットに載っていた次のような記述（評価）が参考になる。

「大資本をバックにして大々的に参戦してきた他の日本勢とは違い、ロータリーエンジンという独自の技術とともに、長い年月をかけて地道に参戦を続けてきたマツダの優勝は、多くの地元観客のみならず、他の参戦ワークスチームや世界中のモータースポーツファンから大きな称賛を浴びた」

この文章は、当時も今も、マツダという会社のポジションをよく言い表している。

生まれてきた精神的支柱

ロータリーエンジンの存続に執念を燃やすことについては、社内に賛否両論があった。賛成派の意見は、概ね次のようなものに代表される。

「ロータリーエンジンは社運をかけて開発したもの。どんな時代を迎えようとも、これを守り抜くことがマツダマンのプライドである」

現に、一九七〇～八〇年代に入社した技術・開発系の人たちの入社動機の多くが、ロータリーエンジンの存在だった。

「ロータリーエンジンを開発した会社だから…」

この傾向は、事務系の社員にも見られた。

一方、意外に思われる読者も多いと思うが、ロータリーエンジン反対派の社員もたくさんいた。その人たちの代表的な意見はこうである。

「ロータリーエンジンは〝カネ喰い虫〟。大きな商売にならないのに、おカネだけがかかる。できるだけ早い時期に撤退し、開発費を他に回すべきである」

私が思うに、日本の他の自動車会社なら、おそらくロータリーエンジンはこのロジックで、もっと早い段階で葬り去られていたと思う。それが効率化を目指す、現代企業の真っ当な姿勢だと思われるからである。

ところが、マツダは違っていた。実は、そこにマツダのマツダたる所以がある。例えば、の話。そういう雰囲気を肌で感じたフォードも、この扱い（判断）には苦慮した。

当時、近代企業のトップを自認していたフォードは、日本流に言えば〝様子見〟、つまり〝生かさず殺さず〟の道を選んだのである。

その結果、ロータリーエンジンは、マツダの技術を象徴する言葉として、今日でも脈々と生き続けている。

ただこれから先、ロータリーエンジン車がローターハウジング内にガソリンを噴射・燃焼させて、それを動力にして走る従来型の自動車として復活してくる可能性は、きわめて小さいのではないか。

おそらくこれから先は、すでに書いたような燃料電池車、プラグインハイブリッド車などのモーターとして活用されることになるだろう。

ただ、たとえそうであったとしても、これから開発される自動車の主要パートとして、しかもマツダ車以外で、あのロータリー原理が活用されるとしたら、これはやっぱり誇らしいことである。

「優れた技術は自社だけで囲い込まない」

この時代になって、ようやくこのことが実現しつつある。

マツダが執念を燃やして実用化に成功したロータリーエンジン車は、ごく短い期間（一九七〇年代初頭）においてのみ、大きなビジネスとして成立した。

しかしその後の一時期、マツダビジネスの足を引っ張るような存在になってしまった。それでもマツダ社員は、これを後生大事に育て続けている。

言ってみれば、マツダはビジネスとは次元の異なるところに〝企業のロマン〟（美学）を求め続けているのである。むしろ、諦める方が簡単なことだったのに…。

いまロータリーエンジンは、ビジネスの多寡とは関係なく、マツダ社員たちの精神的支柱になっている。

私は、この支柱がある会社と、ない会社では、その活動の意味や力が異なることを信じて疑わない。

ロードスターが生まれた訳

二〇一八年のこと。発売された一冊の本の題名に驚いたマツダ社員は多かった。

その題名が『マツダがＢＭＷを超える日』（講談社）だったからである。著者は、日本の大手広告会社で三〇年以上にわたってＢＭＷ、レクサス、ＭＩＮＩなどのブランド戦略に携わった人だった。

私が驚いたのは、この世の中に「自分と寸分も違わない考え・意見を持つ人がいる」ということだった。さらにこの本を読みながら、私は、次のようなことを思い出した。

一九九九〜二〇〇一年の頃。フォードからやってきた役員のなかに「マツダをＢＭＷにする」と豪語していた人がいた。

当初は、社員を鼓舞するための掛け声だと思っていた。しかし、会議で何度も彼の発言を耳にするつけ、次第に、それが本気であることが分かった。

あれから二〇年。いまマツダと全く関係ない人が「マツダがＢＭＷを超える…」と書いているのである。

実は、本のなかでその根拠になっていたのが、マツダロードスター（日本名）の存在だった。

著者は、かつてポルシェやＢＭＷのオーナーだったというが、いまは所有する2台のうちの1台にマツダロードスターＲＦ（4代目）を愛用している。

マツダロードスターというのは、一九八三年頃に、一つの型破りな発想から生まれてきたクルマである。言ってみれば、アメリカ生まれのアメリカ育ち。いまは一部の市場を除いて、世界の多くの国で販売されている。

一九八〇年代半ば頃のマツダ車は、一時の経営危機は脱したものの、商品が保守化し〝面白みのないクルマ群〟になりつつあった。

「マツダの将来はこれでよいのか？」

その危機感から生まれたのが「Ｍ2計画」だった。従来のマツダ車を「Ｍ1」だとすれば、これまでのマツダ車のイメージにないのが「Ｍ2」ということになる。

もちろん「Ｍ」はマツダの意味であり、そのときは「みんなでマツダの将来計画（Ｍ2）を考えてみよう」ということだった。

このときアメリカの若者たちから提案されたのが、「幌付き2人乗り小型オープンカー」だった。当時は「いまさらなぜ幌付きオープンカーなのか」、「時代錯誤も甚だしい」と酷評された。

しかし、ここにマツダのマツダたる所以がある。

売れなくてもいい。ほんの一握りでもアメリカの若者たちが喜んでくれるなら、そこに何かヒントのようなものが見つけられるかもしれない。

平成元年（一九八九年）。五年以上の歳月をかけて開発された小型スポーツカーが、アメリカ市場で発売された。

当時は、これがマツダ空前のヒット商品になることなど、まだ社内の誰も予想していなかった。

ライトウェイトスポーツ

一九八九年二月。シカゴモーターショーでベールを脱いだマツダロードスターは、五月にアメリカ市場で先行発売され、爆発的な売り上げを記録することになった。

おそらくアメリカのマツダ史上で、最大のインパクトになったと思う。以降、マツダは堂々とアメリカで市民権を得ることになった。

ただ断わっておくが、海外で「マツダロードスター」と呼んでも誰も分からない。海外では「ＭＸ－５」の名前でマーケティングされており、当時のアメリカ市場では「ＭＸ－５ Ｍｉ ａｔａ（ミアータ）」と名付けられた。

以降、「ＭＸ－５」は、次々と他の海外市場にも導入されていった。そのせいで、マツダ車で最も有名なクルマを挙げなさいと言えば、いまでも海外では「ＭＸ－５」ということになる。

現在の４代目までの累計生産台数は、すでに１１０万台を超え、世界で最も売れた２人乗りスポーツカーとして、いまでもギネス記録を更新し続けている。つまり、あのポルシェやフェラーリをはるかに超える大ヒット商品になったのである。

マツダは、このクルマで世界に「ライトウェイトスポーツ」という新しいジャンル（領域）を切り開いた。

長年、研究を重ねてきた「Ｍ２計画」は、こうして日の目を見ることになった。

私は、自動車を愛するマツダ社員たちの〝遊び心〟が、当時、それを待ち望んでいた多くのドライバーたちの心に響いたと見ている。

私の体験で言えば、このクルマは運転席に座っただけで、思わず背筋がピンと伸びる。そして、若い頃に感じた運転するワクワク感が、大人気なく顔を出してくる。その感覚は、他のスポーツカーではなかなか味わえない。

あの生真面目なマツダが〝遊び心〟で世に出したクルマは、社員の予想をはるかに超える形で、平凡なクルマに飽き飽きしていた人々に大ウケしたのである。

ロードスターの名前

海外でヒットした「RX－5」は、当初、ほとんど興味を示さなかった国内営業も導入を検討しはじめることになった。

そのときの経緯について、過日、このクルマの導入を担当した同期の友人とランチをしながら語り合う機会があった。もう時効なので、この話を秘話ならぬ〝笑い話〟として書き留めておきたい。

当時、私は、海外営業本部の海外企画室、彼は、国内営業本部の総括室に在籍していた。ともに40代半ばの働き盛りで、多くのことを任されていた。

当初、私はアメリカ市場で独自に名付けられた「ミアータ」というサブネームの取り扱いに苦慮していた。なぜかというと、海外市場における知的財産権（商標）の問題が存在したからである。

ただ幸いにして、折衝の末、日本の「ミヤタサイクル（自転車）」（ミヤタ＝ミアータと類似）との折り合いはついた。

私はいまでも、大きな視野で判断してくれた（株）ミヤタサイクルの担当責任者には、感謝の念を抱いている。

一方、国内のウラ話は、これを上回るものだった。

実は「ロードスター」というのは、自動車用語で〝2人乗り幌付きオープンカー〟のことを差す一般名詞である。

つまりフツーに考えると、一メーカーの車名に使われるのは、適切ではなかったのである。

そこで、我が友人は奇策を打った。

一般的なロードスターは、英語で「roadster」と書く。ところが彼は、経営会議に上程するとき、ロードスターの名前を「roadstar」にした。つまり、目を凝らして見ると「e」と「a」が違う。

彼は、これで「一般名詞→固有名詞」にする戦略だった。発音は同じでも、綴りが違うではないか、という論法が成立するからである。

ところがマツダの事務方の社員は優秀だった。どこの誰なのかはいまでも分からないというが、英語の綴りが間違っているとして、正式資料が勝手に訂正された。

その結果、世にも珍しい「一般名詞が固有名詞として使用されるクルマ」が誕生したのである。

ただマツダでは、これがはじめてのケースではなかった。

実は、かつてミニバンブームに火をつけた「マツダＭＰＶ」のＭＰＶ（Multi-Purpose-Vehicle）も一般名詞だった。

ＭＰＶもまた、アメリカ市場への専用車として導入されたが、ロードスターと同じく売れ行きが好調だったために、他の市場にも展開された。

ちなみに本人の承諾を得て、ここに謝意を込めて記しておく。

我が友人というのは、のちに広島国際学院大学で「ファッション論」などを担当した岡部政勝（元教授）である。

マツダ車を先導する

話を元に戻そう。

当時の国内営業本部は、ロードスターを国内５チャネルの一つ「ユーノス」の専用車として売り出すことにした。

当初は、年間２００台程度しか売れないとみていたが、アメリカ市場での大ヒットに刺激されて、目標を年間５００台に上方修正した。

そして同年九月に発売開始。ユーノスロードスターは、たちまちアメリカ市場に次いで、予想を大きく上回る形で売り上げを伸ばしていった。

その後、ＭＸ－５の人気は欧州、アジアなどにも拡大し、世界中で売れた。

そして二〇〇〇年五月には、２人乗りオープンスポーツカー累計生産台数世界一（53万１８９０台）を達成し、ギネス記録の認定を受けた。

さらに二〇〇五年には3代目ロードスター、二〇一五年には4代目ロードスターが、それぞれ日本カーオブザイヤーに選ばれた。

そして二〇一六年には、世界カーオブザイヤーも受賞することになった。


平成元年に生まれたマツダロードスターは、その後の三〇年間にわたって、世界中の人々に愛され続けた。

そのため日本では〝平成〟を象徴する商品の一つに挙げられ、〝令和〟へ移行するときのＴＶ特別番組でも数多くネタとして取り上げられた。

現に、マツダもこの商品のお陰で、想像を超える良いブランドイメージを築くことができた。

ただ正直に書いておく。マツダにとってのロードスターは、収益を上げるための基幹車種ではなかった。ビジネスを安定的に維持していくためには、やはり基幹車種と呼ばれるセダン系、ミニバン系、ＳＵＶ系を中心にせざるを得なかったのだ。

ロードスターは、どちらかというと、マツダイメージを引っ張っていくための戦略車種という位置づけになった。この車種が存在することによって、他の車種やマツダブランドに良いイメージを与え続けたのである。

実は、この点に大切な示唆がある。

マツダロードスターは、単にビジネスオリエンテッドのクルマではなかった。「世の中に、こんなクルマがあったらいいな」という発想から生まれたクルマである。

そういうクルマが、いまマツダ車の先導役（道案内）になっている。そこに大きな意義がある。

つまり、三〇年前にＭ２計画から生まれた「最もマツダらしくないクルマ」は、長い年月を経て「最もマツダらしいクルマ」になったのである。

マツダが苦しくなったら、社員はロードスターを世に送り出したときの気持ちを思い起せばよい。

クルマ創りの起点は、いつの時代でも、マーケット（人々の心）のなかに潜在するニーズにある。

マツダロードスターは、そういう意味で、マツダのクルマ創りの原点の一つになった。

マツダを支える広い裾野

私は、そのマツダで三二年間も働いたＯＢである。

ところが社内では、ＯＢという認定を受けていない。なぜかというと、社内（労働組合）には厳しいＯＢ資格の規定があり、私は「55歳までマツダで働いた社員」という枠を外れているからである。

私が会社都合でマツダを去ったのは、54歳8か月のときだった。つまり3か月分ほど日数が不足していたのである。

もし労働組合が認定したＯＢということになると、数々の特典がある。クルマ購入に際しては、微少の部品代サービスに留まるものの、退職後の生活支援ということになると、他社に例を見ないほど充実している。

例えば、地域ごとにＯＢ会が設けられ、その幹事が、社内で定期的に発行される「マイ・マツダ」をＯＢに届けてくれる。つまり、現役社員もＯＢも同じ扱いを受け、マツダの情報を共有しているのである。

マツダ労働組合のホームページを開くと、最初のページで〈組合員専用〉と〈OB専用〉に分かれる。つまり基本的に、両者に扱いの差はないのだ。

各地域のOB会の活動も、ハンパなものではない。

例えば、呉昭和地区OB会は、自らの設立二〇周年記念事業として、車イス対応の福祉車両を県立障害者療育支援センターに寄贈した。

また防府地区OB会は、結成二五周年記念行事として、島根県の神楽団を招いたイベントを開催し、地域の人たちを楽しませた。

もちろんOBたちの親睦を目的とした旅行、ゴルフコンペ、山登り、カラオケ大会などは枚挙に暇がない。つまり、会社を退いた人たちが日々暇を持て余すことがないように、小さなコミュニティが提供されているのである。

おそらく日本中のどこを探しても、これほど充実したOB会は存在しないのではないか。

私自身、マツダ同期の人たちで開催する2つのグループのゴルフコンペ、さらに定期化した3つの親睦会（飲み会）に参加している。

また最近、開催が少なくなったものの、かつてマツダ出身の大学教員（100人前後）による会合（親睦会）も開催されていた。

この際、何よりもマツダの情報が正確に入ってくるのがよい。また私もそうだが、現役社員から相談を受けることもある。

こうしてみると、マツダという会社は、おそらく数千人規模に上ると思われるOBたちによって支えられている。

昔のクルマを懐かしむTV番組などでは、その開発に携わったOBたちが、まるで現役社員のように振舞っている。

また不幸にして、本人が亡くなったりすると、会社から家族に弔電が届く。もちろんその会員名簿は、現役社員並みに正確に管理されている。

このような外堀に守られた組織は、めったなことでは崩れない。マツダの強みを考えてみるとき、この点は意外に大きい。

この分厚い人的サポート体制もまた、「マツダ最強論」の知られざる論拠の一つなのである。

高まるメディア評価

こうしたタテとヨコの人的関係は、当然のことながら、クルマ造りの基礎になる。

このところマツダ車が世界のマーケットで高い評価を受けはじめたのは、そういうことと無縁ではないような気がする。

人々の評価というのは、長い時間をかけて、しかし着実に形成されていく。

それを媒介するのは、いつの時代でも〝ヒト〟である。さらに言えば、その道のプロを自認するメディアの人たちが果たす役割は大きい。

多くの人たちが、そのメディアが発信した情報に接し、自分の評価を形成しているケースが多いからである。

例えば、イギリスＢＢＣの自動車専門番組『トップギア』は、そのホームページでマツダのことを「世界で数少ない、出来の悪い製品を造ることのない自動車メーカー」と評している。

また同国の自動車専門誌『Autocar』も、マツダのことを「世界で最も見栄えの良いデザインのカーラインを持つメーカー」と絶賛している。

そしてアメリカの自動車専門誌『CAR and DRIVER』は、「10ベストカー」にＭＸ－５（ロードスター）とマツダ３（アクセラ）を三年連続で選んでいる。

それほど、いまのマツダに対するメディア評価は安定しているのだ。

ただ、これらは主として世に送り出された商品を中心とした評価である。

一方で、その商品を世に送り出す企業の評価というのは、なかなか一筋縄にはいかないようなところがある。

ひょっとしたら全く別のものになってしまう可能性さえある。

この際、何が大切なのかというと、企業経営の〝人的資質〟ということになるのではないか。つまり、そこで働く人たちが、企業人としてどう行動しているのかということである。

この点について、一九年九月に、ちょっと嬉しいニュースが流れた。

企業のブランド活動を支援するインターブランドジャパン（東京）が「ジャパンブランディングアワード２０１９」の最高賞にマツダを選んだ。

その理由は、ブランド価値を経営の軸に据えて、クルマのデザイン、販売方法、広報など全社を挙げてブランド再構築に取り組んだからだという。

その具体例として、クルマの美しさや乗り心地を体感する社員合宿などを実施し、社員の意識を変えたことなどが高く評価された。

マツダの３つの特性

言うまでもないことだが、長い時間経過は、人間に人格、企業に社格（社風）を与える。

これは人間であっても企業であっても、あるいは一〇〇歳になっても一〇〇年経っても変わらないようなところがある。

私は、そのマツダの社格というのは、次の3つの言葉で言い表されるのではないかと思っている。

それは、①先進性（但し、フォード支配期まで）②愚直さ ③独創力である。

なかでも一〇〇年間にわたって貫かれた②と③は、マツダの美学の核を形成しているように思う。

さらに言えば、これら3つは具合よく組み合わされるときもあるが、相関性を持たずに独自に顔を出してくるときもある。

これらについて、そのエビデンスのようなものを書いてみたい。

マツダは、一九六三年から八〇年代にかけて『文藝春秋』と『週刊朝日』の2誌に〈東洋工業を訪ねて〉という企業広告を掲載していた。

そのため頻繁に、著名人（俳優、作家、芸術家など）を本社に招き、彼らが書いた文章や言葉を広告にして展開していたのである。

私自身、自社で発行していたPR誌『モータリゼーション』の編集長として、そのうちの何人かの取材に同席させてもらった。

いまでも女優・栗原小巻の圧倒するような美貌や、俳優・芦田伸介、女優・市原悦子らの奥深い話はよく覚えている。

この集大成本が、創立六〇周年を記念して一九八〇年に発刊された。

その頃、新進気鋭の女流作家だった曽野綾子は、マツダ病院（当時、東洋病院）を訪問してこう書いている。

「お金をかけても従業員と家族の健康を守る方が、結局、会社にとってトクだという。個人のトクと会社のトクは古来対立するものだったが、そういう計算もすでになくなりつつある。東洋工業の従業員が、贅沢と合理性に馴れるとき、製品もまた贅沢と合理性の塊となって生み出されるだろう」

その頃すでに、マツダは世の中の一歩先を読む先進性に長けていた。

例えば、一九六一年に近代の医療先進技術の粋を集めた総合病院を開設し、一九六五年には当時、東洋一の三次自動車試験場を始動させ、そして瀬戸内海に本社地区（向洋）と工場地区（宇品）を結ぶ大橋を架けて地域住民を驚かせた。

そういう先進性は、社員の愚直さと相まって、ロータリーエンジン実用化や、今日のスカイアクティブ技術へと繋がっていく。

そして常に先を見据えた真っすぐな行動というのは、どこか人間として、ある種の好ましい情感を湧き上がらせてくれる。そう、あの高倉健のような、そしてあるときはフーテンの寅さんのような…。

当時、個性派女優として知られていた太地喜和子は、ライン工場を見学したあとでこう語っている。

「ヨーロッパで見たマツダ車には、そこはかと漂う情感があった。広島の工場でじかに接してみると、人間そっくりの動きをする自動溶接ロボットまで、まるで機械に心があるように思えたほどである」

さらに、前述の『マツダがＢＭＷを超える日』の著者・山崎明が書いた文章の一部である。

「マツダの独自性は、今後ますます磨きがかかっていくであろう。将来的にはＢＭＷよりマツダの方が、世界的に運転好きの人に好まれるブランドに成長する可能性があると思っている」

混沌とした世の中で、こういう社外評価がたくさん存在するのは、マツダにとって明るい希望である。

一方、二〇一九年に出版された『マツダ 心を燃やす逆転の経営』は、前マツダ会長の金井誠太が著した本である。そのなかで彼はこう書いている。。

「目標はシンプルです。マツダの全ラインアップが世界のベンチマーク、つまり世界一を目指すということです。そう思われるには、中途半端なクルマではダメ、世界一でないと」

このさりげない言葉のなかに、実は、大切な示唆が隠されている。

そもそも真正ブランドというのは、世界一を目指さない限り、創ることはできない。結果がどうであれ、世界で2番目以下でよいと思って造られた商品が、真正ブランドを形成するようなことはない。

その金井の言葉のなかに「最高で超一流、最低でも一流」というのがあった。これも全社員が共有すべき高い志を示したもので、その心意気みたいなものが、今日のマツダを創っているように思う。

マツダはいま、日本及び世界の自動車業界図のなかで、厳しいながらも比較的、好ましいポジションにつけている。

「マツダ最強論」は、決して遠い絵空事などではないのである。

終章

大海原でトヨタの船に乗る

二〇一七年八月四日。日本の自動車業界に大きなニュースが流れた。トヨタとマツダが資本提携を結んだのである。

ただ私には、さほど大きな驚きはなかった。むしろ、ようやくそういうことになったのか、といったような安堵感があった。

その翌日(八月五日)のこと。私は、たまたま出演していたテレビ番組でコメントを求められた。そして、こう話した。

「今回の資本提携は、フォードのときとは全く意味が違います。受け身ではなく、お互いにポジティブです。従って、当面、支配関係は生まれにくいと思います。電気自動車をはじめとした次世代カーの共同開発が核になると思われますが、マツダの側からすると、海図のない大海原で、大きな船に乗ったという感じです」

前日の共同記者会見で、両社の社長が話した言葉のなかに、お互いの狙いが、かすかに透けて見えるところがあった。

まずトヨタの豊田章男社長の言葉の一部である。

「マツダに負けたくない、というトヨタの〝負け嫌い〟に火をつけてもらった。(中略)お互いに、未来のクルマをコモディティ(ありふれた日用品)にしたくないという想いがありました」

この言葉は、アメリカのシリコンバレー組に負けることのないよう、〝ホンモノの自動車創り〟を目指す会社同士が、同じ方向の戦略を展開したいという意思表示のように読めた。

一方、マツダの小飼雅道社長（当時）はこう語った。

「負け嫌い同士が集まり、相互に刺激を与え合いながら、人財やリーダーを育て、イノベーションをリードすることによって、自動車業界の活性化やクルマファンの拡大に寄与したいと思います」

こちらも〝クルマファンの拡大〟というところが、トヨタと同じ大切なメッセージになっている。

そしてもう一つ。〝イノベーションをリードする〟という言葉である。これは第5章で書いた〝マーケットリーダーになりたい〟というマツダの長年の願望を表している。

言ってみれば、マーケットリーダーの資格を有するトヨタとの資本提携は、マツダにとって〝渡りに船〟だったのである。

この資本提携によって、トヨタはマツダ株の5・05％を保有する筆頭株主になった。一方のマツダも、トヨタ株の0・25％を取得した。

この提携の具体策の第一弾になったのが、米国に折半出資で設立される新工場である。

両社は現在、アラバマ州に建設する新工場に16億ドル（約1800億円）を投じ、約4000人を雇用する計画を着々と進めている。

二〇二一年には、この工場を稼働させ、マツダのスポーツタイプ多目的車（SUV）と、トヨタの小型車カローラを年間30万台生産する予定である。

またこの新工場では、一つの生産ラインで複数の車種を組み立てる「マツダ方式」が採用され、マツダがトヨタに効率の高い生産技術ノウハウを提供することになる。

EV技術の共同開発

トヨタとマツダが、資本提携で交わした合意文書にはこう記されている。

「世界において電気自動車（EV）への需要と期待が高まるなか、発展期にあって予測が難しいEV市場の動向に、臨機応変かつ効率的に対応するため、トヨタとマツダは力を結集して、自由闊達に知見を出し合いながら、各国の規制や市場動向に迅速に対応できるEVの基本構造に関する技術を共同で開発する」

まるで国会答弁みたいに分かりにくい言い回しになっているが、これを平たく言い直せば、こうなる。

「世界のＥＶ市場で後れをとっているトヨタとマツダは、次第に各国の規制が厳しくなっていくので、競合メーカーや異業種の参入に押されないよう、両社の持っている先行技術を結集・駆使して、これらの勢力に対抗し、やがて主導権を握りたい」

さらに説明を続けてみよう。

いまもし世界のＥＶの潮流に乗り遅れたとしたら、直ちに会社の行く末に暗雲が立ち込める。これに対するトヨタの対応は、他の領域でも徹底している。

二〇一九年六月。トヨタは、電気自動車（ＥＶ）や燃料電池車（ＦＣＶ）の企画や製造に関わる専門組織の人員を拡充し、従来の３００人弱を７倍の約２０００人に増やす計画を発表した。

これは従来からあったＥＶ、ＦＣＶの事業戦略の企画を行う「ＺＥＶファクトリー」に、実働部隊の開発、製造に関わる機能を統合する形にしたものだが、約２０００という人数は、それ自体ですごい規模である。

ただこの分野は、人数さえいればよいというものではない。トヨタはその点で、昔から他の自動車会社とも連携し、優秀な人材（技術者）を囲い込む戦術に長けていた。マツダもその対象の一社になった。

一方のマツダは、その企業規模からして同じような手は打てない。ただ人材の確保という意味では、そのことを象徴するような大胆な手も打ちはじめている。

マツダはＥＶ分野ではないものの、米シリコンバレーの企業と手を組んで、自動運転技術の開発で即戦力となる人材を世界規模で採用する計画を進めている。

いわゆる一本釣りの採用になるが、ここからも〝藁をもつかみたい〟という社内事情が窺える。

おそらく自動運転技術の分野では、マツダがマーケットをリードしていくような状況は作れないと思う。

この点において、トヨタはソフトバンクと手を組んで、米配車大手ウーバー・テクノロジーズの自動運転技術の開発部門に出資するなど、着々と手を打っている。

そうなると、マツダは有能な人材を確保することによって、トヨタグループの一員として船に乗り遅れないようにすることが大切になってくる。

つまりトヨタの規模の大きさ、引き出しの多さは、マツダにとって、他からは決して得られない大きな魅力なのである。

トヨタのタコ足経営

最近、驚くようなニュースが、さりげなく新聞の片隅に載るようになった。

一般の人からすると、どれが大きなニュースで、どれが小さなニュースなのか、本当のところがよく分からない。

ひょっとしたら一〇年後、そのことが自動車社会のすう勢を創るようなことになっているかもしれない。

その一つが、二〇一九年にトヨタが中国の大手電気自動車メーカー「比亜迪（ＢＹＤ）」とＥＶ共同開発契約を結んだというニュースだった。

そもそもトヨタは、二〇年に自社開発したＥＶを中国市場に投入する予定である。なのに、その一方で、中国のＥＶトップメーカーと手を組むというのである。

比亜迪（ＢＹＤ）は、ＥＶとＰＨＶを合わせた販売台数で、一五年から四年連続で世界トップになっている会社である。

ちなみにトヨタは、中国の車搭載用電池の大手メーカー「寧徳時代新能源科技（ＣＡＴＬ）」とも提携している。

二〇年代前半までに、トヨタが世界で10車種以上のＥＶを投入するという計画は、あの手この手を絡めて日の目を見ることになるのではないか。

またトヨタは、配車システムの分野でも、中国の最大手「滴滴出行」などとライドシェア（相乗り）事業を展開するために約６６０億円を出資し、合弁会社を設立する計画も発表している。

トヨタは、他にも東南アジア最大手のグラブにも出資し、多様な移動サービスを提供する体制を整えつつある。

これら一連のトヨタの戦略を見てみると、まるで「タコの足」のようである。一つの足がダメになっても、まだ次の足がある。もっと言えば、どの足が本当に自分を支えてくれるのか、それはやりながら考えればよい。

この経営戦略はすごい。つまり、全体として失敗する確率はきわめて低いのである。

繰り返すが、マツダがいま、この大きなトヨタ船に乗ったのは、ひとまず正しい経営判断だったのではないか。

二〇一九年八月。もう一つ業界に大きなニュースが流れた。

すでに業務提携を交わしていたトヨタとスズキが、相互に株式を持ち合う資本提携を結ぶと発表した。

トヨタはスズキに、ハイブリッド車のシステムなどを供給し、スズキはトヨタに、圧倒的な市場シェアを誇るインドでの連携を深めていくという。

さらに同年九月。トヨタはすでに資本提携をしていたスバルへの出資を現状の約16・8%から20%に引き上げると発表した。これでスバルは持ち分法適用の関連会社となり、役員を送り込むことも可能になった。

このことは、次世代カーの開発で「仲間づくり」をキーワードに異業種も含めて連携先を広げているトヨタが、状況によっては、段階的に相手との関係を深めていく可能性があることを示唆している。

これらの一連の動きは、新時代に向け、自動車各社が、必要となる技術や研究開発を単独で賄っていくことが不可能な時代に入ったことを意味している。

こうして日本の自動車会社は、おおよそトヨタ連合、日産・三菱連合、それにホンダの3陣営に色分けされることになった。

それは奇しくも、いまから六〇年前（一九六〇年代）に、当時の通産省が打ち出した「3グループ構想」の枠組みと同じだった。

予測しにくい一〇〜二〇年先

トヨタ、マツダに限らず、世界の自動車会社は、ある意味で、いまから四半世紀（二五年）前に似たような状況に陥っている。

つまり四方八方で、仲間（提携先）を探しているのだ。

なぜそういうことになっているのか。それは、わずか一〇〜二〇年先の自動車業界の姿・形（構図）が読めないからである。

例えば、もし世界の自動車の大半が、本当に電気自動車（ＥＶ）になってしまったら、その開発に乗り遅れた会社は、窮地に追い込まれる。

反対に、ほとんどの資源をＥＶ開発に投入してしまったら、世の中が燃料電池車（ＦＣＶ）などに移行したときに、急な対処が難しくなる。

どんなタイプの自動車が主流になるのか。いまのところ、それを明確に予測することができないのである。

そうなると、自動車各社は、あらゆる可能性について、予め準備しておかなければならないということになる。

もちろん、それを自前で準備できる会社はよいとして、ほとんどの会社には得手不得手がある。つまり、オールマイティの自動車会社などは存在しないのである。

従って、環境対応や自動運転などの開発に巨額投資が求められる自動車会社というのは、好んでも好まなくても、他社との連合などを通して、不得手なところを補完し合う経営を模索していかなければならないのだ。

どの国のどの会社と、どういう領域で手を結ぶのか。もしこの運転を誤ると、致命傷になる可能性がある。

例えば、ゴーン問題などでいまなお迷走している日産について言えば、EV分野でかなり有利なポジションに付けている。

しかしルノー、三菱自動車との3社連合内での駆け引きだけでなく、その後、このグループに触手を伸ばしてきたフィアット・クライスラー・オートモービルズ（FCA）の動向も視野に入れておかなければならなくなった。

これにフランス政府（ルノーの株主）の思惑などがからみ、今後については、いまなお予断を許さない。

もちろん各国政府にとっても、自国の自動車産業の政策を誤れば、国の経済に計り知れない影響を与えることになる。

変わる業界図

二〇一九年四月。私は、発表されたトヨタの新たな戦略に驚いた。

トヨタが最も得意とするハイブリッド車（ＨＶ）などの電動関連技術の特許約２万３７４０件を、無償で開放すると発表したからである。

また需要があれば、モーターや制御機器などをセットにしたシステム自体を他社に供給する用意があるというのだ。

この狙いはいったい何なのだろうか。いまの世界の自動車事情を念頭に置けば、すぐにピンとくるものがある。

そう、トヨタは完成車の供給にこだわらず、部品、またはアッセンブリー機器を供給することによって、ＨＶを世界に普及させたいのである。

その一方で、トヨタは同年六月に電気自動車（ＥＶ）と燃料電池車（ＦＣＶ）などの達成目標の五年前倒し計画を発表した。

つまり世の中がどの方向に急展開しても、すばやく対処できるよう着々と手を打っているのである。

図表⑥＜日本の主要５社のＥＶ目標と提携関係＞

会社名	ＥＶ目標	他社との主な提携
トヨタ	2025年に世界販売台数のうちＥＶ、ＨＶ、ＦＣＶなどの電動車を合計550万台（全体の約50％）以上にする。	マツダ、スズキ、スバルとＥＶ基礎技術を共同開発 スバルと車両本体を共同開発
日産	2022年度の販売台数のうち、ＥＶと独自技術のＨＶを合わせて30％にする。	ルノー、三菱と車体を共通にしてＥＶを拡大
ホンダ	2030年までに世界販売台数（四輪車）の３分の２を電動化する。	ＧＭとＥＶ向け次世代電池を共同開発
三菱	2020年以降にＥＶ２車種（1台は軽）を投入し、電動化を進める。	ルノー、日産と車体を共通にしてＥＶを拡大
マツダ	2030年時点で、自社生産するすべての自動車に電動技術を搭載し、2タイプのＥＶを開発する。	トヨタとＥＶ基礎技術を共同開発

一方、マツダには、こうした応変型の準備が十分に整っていない。

私が第5章でしつこく書いたマツダへの10%の懸念は、この点に関して述べたものである。

ちなみに、日本主要5社の電動化計画の概要を、別表⑥にまとめておく。

特にすごいのは、やはりトヨタのアグレッシブな計画である。もちろん、これら5社以外でも、すでに活発な活動（連合）が進められている。面白いことに、それらの関係には定められたルールがない。

例えば、二〇一八年まで一二年間も続いていたトヨタとの資本提携を解消したいすゞ自動車の片山正則社長は、こう語っている。

「あれからトヨタとの関係はいっそう深まっており、疎遠にはなっていません。包括的提携よりも個々のセグメントで協業した方が早く成長が勝ち取れるように思います」

またトヨタとスバルは、すでに電気自動車（ＥＶ）本体の共同開発に乗り出している。これまでＥＶに使う基盤技術で協業してきたが、これを車両本体にまで広げる形になったのだ。このためトヨタは、スバルから少なくとも数十人単位の技術者を受け入れている。

おそらく二〇二一年以降、中型クラスのＥＶ（乗用車）が、両社それぞれのブランドで発売されることになるだろう。

もうお気付きだと思う。いまの自動車会社は、二〇世紀型のガチンコ競争の様相を呈していない。

お互いに協力できるところは協力し、競争するところだけで、競争しているのである。これは二一世紀社会が創り出した新たな風景だと言える。

おそらく日本の自動車業界は、近い将来、もっとトヨタを中心にした業界図になると思う。日本という国家を単位として考えてみたとき、それはそれで、意味のあることなのではないか。

なぜかと言うと、国家収支を安定化させるために、やはり利益の海外流出というのは、シンプルに得策でないからである。

次の一〇〇年

私たちが住む丸い地球は、いま温暖化対策の一環として「脱・炭素社会の実現」が急務になっている。

その流れのなかで、各自動車会社は、ようやくその動きを早めてきた。このことに関して悠長に構えている会社は、自然に淘汰されることになる。マツダがその一社にならないようOBとして祈るばかりである。

自動車という商品は、一九世紀後半に、人間社会を豊かにするための道具（手段）としてドイツで生まれた。

その後、主にヨーロッパで普及が進んでいたが、やがてアメリカでフォードが流れ作業による生産方式を導入してから、怒涛のように世界に広まった。

日本においても、第一次世界大戦のあと、国策として自動車の生産が奨励された。そしてその後、アメリカとの自動車貿易摩擦が起きた。

私は、決して不幸だったとは思っていないが、まるで歴史の生き証人のようにして、その渦中に巻き込まれた。

静かに、しかし時として激しく移り変わった世界の自動車事情は、いま再び激流のなかで、不透明な時代を迎えた。

そんななか、世界の先進諸国は、ポスト自動車社会（脱・炭素社会）に向かって着々と手を打ちはじめている。

しかし日本の動きは、あの二〇世紀後半の急成長のときに比べると、驚くほど鈍い。

これから一〇年、二〇年先は、うっすらとした道標はあるものの、どの会社も正確にその構図を描くことができない。


その一方で、マツダには、第7章で書いた独特の①先進性②愚直さ③独創力がある。おそらくこれらがある限り、過去の失敗を繰り返す可能性は小さいのではないか。

いまのマツダは、経営危機を招いた昔のように〝一発長打〟を狙う、確実性の低い長距離砲ではない。

着実にヒットを重ね、ときには四死球や敵失などもからめて、1点ずつを取っていく健全な体質をもつ会社になった。

米インターブランド社の調査によると、マツダ（Ⓜ）のブランド価値は、二〇一〇年の5億

7700万ドルから、一九年には17億2800万ドルにまで上昇した。

私は、その〝世界で愛される自動車会社〟で三二年間も働いた。いまでもそのことは誇りに思っている。

ただその未来は、これからマツダで働く人たちが決めることである。

さあ、次のマツダの一〇〇年史がはじまる。

マツダに関わるすべての人たち、そしてマツダを知らなかったすべての人たちに、この「マツダ最強論」を捧げたい。

なぜならその億分の一に、語り尽くせないくらいの苦楽を刻んだ小さな魂が残っていると信じているからである。

マツダで刻まれる悠久の歴史が、末代まで、人々の間で語り継がれる〝企業の美学〟になることを願っている。

おわりに

まだ先のことだと思っていた夏季オリンピック大会が、いよいよ東京で五六年ぶりに開催される。

思い起すに、五六年前の東京大会のときには、それを契機にして、日本という国がめざましい経済成長を遂げた。

つまり一つのスポーツイベント（オリンピック）によって、国中にエネルギーが充満し、それが国を動かす力になったのだ。

しかし今回は、オリンピック大会に託された使命のようなものが、当時とはかなり違うように思う。

ゆうに古希を超えた私は、最初の東京オリンピック大会から五年後の一九六九年に地元の自動車会社（マツダ）に入社した。世の中のいたるところに、戦後最大ともいえるエネルギーが充満していた。

そして、やがて日本にも成熟社会が訪れ、私はフォード体制のもとで導入された早期希望退職制度に応募して、会社を辞めた。

言ってみれば、青年期から壮年期に至るまでの三二年間、その組織体のなかから眺めた景色によって社会の風を感じてきた。

哀しいかな、会社を辞めたいまでも、自動車という商品を中心に据えて、世の中を見る習性から抜け出せない。

例えば、街でクルマを運転していると、自然に周囲のクルマのエンブレムに目の焦点が合ってくる。テレビなどで海外の風景を観ていると、どうしても画面に入ってくるクルマの方に目が向く。

おそらくこの習性は、棺桶に横たわるまで抜けないのではないか。そう考えてみると、私にとっては、何歳になっても〝マツダは心のふるさと〟なのである。

生計を立てるために必死で働いた会社というのは、誰にとっても、そういうものなのかもしれない。

「話を聴かせてもらいたいのですが…」

私が、そのマツダから、創立一〇〇周年を記念した社史を編纂するためのインタビューを受けたのは、もう一年以上前のことである。

もちろん大本営発の社史も大切なことだが、私は、常々そうでない視点も大切なのではないかと思っていた。

この小さな思いが、私の心を奮い立たせ、この拙書を世に問う所以になった。

そのインタビューのとき。若い社員たちのリアクションが大きかったところがあった。

なぜ私がそう感じたのかと言うと、彼ら全員が、いっせいにメモを取りはじめたからである。

そのとき、私はこう話した。

「スカイアクティブがどうしたというような話は、枝葉の話。マツダが〝今〟という時代をどう捉えているのかが、最大のポイントになると思います」

実際に世の中で起きたことは、起きたこと（もう終わったこと）である。大切なのは、これらをどういう視点で捉え、どういう気持ちで、未来の物語を繋いでいくかということである。

ただ私は、自動車の技術者でもないし、元経営者でもない。また、それらを語る資格を持つジャーナリストでもない。ただ長く会社に在籍していた元社員に過ぎない。

特に、長い歴史を振り返る部分において、高齢ゆえの記憶違い、また稚拙で舌足らずな表現があったのではないかと心配している。

もしそうだったとしたら、著者の不徳と致すところとして、関係者の皆さんには平にお許し頂きたいと願う。

いま世の中を支配しはじめているスマホ、ｅゲーム、仮想通貨（キャッシュレス）等など…。総じて、いまの社会は、本当の人間性みたいなものが見えにくくなった。

宇宙ロケットならいざ知らず、やっぱり完全自動運転（レベル５）の航空機には乗りたくない。私の場合は、自動車も同じ感覚である。

私たちは、これからこの状況をどう克服していったらいいのだろうか。

一方で思うに、人が関わる自動車社会の未来は、人間に想像力や創造力がある限り、まだ十分に明るいのではないか。

最後に、この本を出版に導いて下さった広島の老舗出版会社・溪水社の木村逸司さん、木村斉子さんには心から感謝の言葉を贈りたい。

令和元年12月

永遠のマツダファン　迫　勝則

＜参考にした文献＞

『松田重次郎』梶山季之著 時事通信社（1966 年）
『自動運転「戦場」ルポ』冷泉彰彦著 朝日新聞出版（2018 年）
『デザインが日本を変える』前田育男著 光文社（2018 年）
『マツダがＢＭＷを超える日』山崎明著 講談社（2018 年）
『マツダ 心を燃やす逆転の経営』山中浩之著 日経ＢＰ（2019 年）
『200 人の目』東洋工業編著（1980 年）
『広島学』岩中祥史著 新潮社（2011 年）

著者

迫　勝則（さこ　かつのり）

1946年広島市生まれ。作家、ＴＶコメンテーター。

山口大学経済学部卒。2001年マツダ（株）退社後、広島国際学院大学・現代社会学部長（教授）、同法人の理事などを歴任。現在は、中国放送「Ｅタウン SPORTS」に出演。

著書に『さらば、愛しきマツダ』（文藝春秋）、『ビジネスマン 明日への12章』（祥伝社）、『前田の美学』（宝島社）、『主砲論』（徳間書店）、『なぜ彼女たちはカープに萌えるのか』（KADOKAWA）などがある。

ミスター・ブランドシンボルと呼ばれた著者
（文藝春秋2001年6月号より）

マツダ最強論

令和元年12月5日　発行

著　者　迫　勝則

発行所　株式会社溪水社
広島市中区小町1-4（〒730-0041）
電話082-246-7909　ＦＡＸ082-246-7876
e-mail: info@keisui.co.jp
URL: www.keisui.co.jp

ISBN978-4-86327-499-0 C0034